Berichte

des

Verbandes der Laboratoriums-Vorstände

an deutschen Hochschulen.

Sechstes Heft.

(18. September 1904.)

Leipzig
Verlag von Veit & Comp.
1904.

INHALT

Berichtigungen.

a) In die Übersichtstabelle über die Anzahl der ausgestellten Verbandszeugnisse auf Seite 50 und 51 des V. Berichts sind die in **Tübingen** ausgestellten Zeugnisse durch ein Versehen nicht mit anfgenommen worden. In die entsprechenden Rubriken sind daher die Zahlen 3 (S.-S.) und 5 (W.-S.) nachzutragen.

b) 6 Zeugnisse, nämlich: 1275, 1637, 2058, 2436, 3206 und 3217 sind zweimal in den früheren Berichten aufgeführt worden.

c) Nachzutragen ist ein Zeugnis:
1247 | **Jacob Gattermann** | Vorb. (Ap. II) | Ex. Gattermann | Freiburg.

d) Die Zeugnisnummer für **Max Neumann** aus Ortelsberg (V., S. 30) ist nicht 2680, sondern **2686.**

e) ebenso für **Ferd. Seitz** aus Treffurt (V., S. 43) nicht 2648, sondern **2647.**

f) In Bericht III, S. 10 ist für die Nummer 1735 irrtümlich der Kandidat Wilh. Scheermann angegeben; der richtige Name ist **W. Scheermesser.**

Mit Rücksicht auf die Berichtigungen unter b und c ist auf Seite 39 die Zahl der bis Sommer-Semester 1902 ausgestellten Verbandszeugnisse zu 2131 angegeben, statt zu 2136, welche Zahl sich nach Bericht V ergibt.

A.

PROTOKOLL

der VI. Jahresversammlung des Verbandes der Laboratoriumsvorstände deutscher Hochschulen

am 20. September 1903

im Central-Hotel zu Cassel.

Vorsitzender: A. v. Baeyer.

Anwesend die Herren: Anschütz, A. v. Baeyer, Beckmann, Buchner, Elbs, Liebermann, E. v. Meyer, R. Meyer, Möhlau, Nernst, Ostwald, Tammann, Wallach.

1. Der Vorsitzende eröffnet die Versammlung und begrüßt die Erschienenen.

2. Vorstandswahl. Der Vorstand wird wieder gewählt.

3. Der Vorsitzende erstattet Bericht über das abgelaufene Jahr. Während desselben sind durch den Tod ausgeschieden: Schwanert und Joh. Wislicenus (als Vertreter des letzteren in Verbandsangelegenheiten haben die Herren Stobbe und Rassow fungiert); neu eingetreten sind die Herren Gadamer-Breslau und G. Tammann-Göttingen. Bestand 62 Mitglieder.

4. Das Protokoll der vorigen Versammlung wird verlesen und genehmigt.

5. Herr Liebermann erstattet Bericht über den Stand der Kasse.

Kassenbericht.

a) Einnahmen:

Kassenbestand im Vorjahre	ℳ	465.34
Mitgliederbeiträge (62 à 10 ℳ)	»	620.—
Zinsen bis 1. August 1903	»	15.90
Summa	ℳ	1101.24

b) Ausgaben:

Remuneration des Gehilfen des Schriftführers für 1903	ℳ	150.—
demselben für Protokoll, Reise usw:	»	150.—
Abrechnung mit der Verlagsbuchhandlung für No. 4 der Verbandsberichte	»	704.—
Drucksachen, Porto, Diverse	»	210.63
Summa	ℳ	1214.63

Daher:

Gesamteinnahme	ℳ	1101.24
Gesamtausgabe	»	1214.63
Fehlbetrag	ℳ	113.39

Die vermehrten Beiträge zu den Berichten haben schon jetzt zu einem Defizit von 113 ℳ geführt, und nach dem günstigen Stande im Vorjahre wäre für das nächste Jahr eine wesentliche Verschlechterung der finanziellen Lage des Verbandes zu gewärtigen, so daß eine Erhöhung des Beitrages unabwendbar erscheint und die Frage nahe gelegt wird, ob die jährlichen Berichte in demselben Umfange wie bisher herausgegeben werden sollen.

Der Antrag, den Jahresbeitrag auf 20 ℳ zu erhöhen, wird einstimmig angenommen.

Im Anschluß an die zweite Frage wird, nachdem Herr Ostwald unter Zustimmung der Versammlung die Beibehaltung des bisherigen Modus befürwortet hat, die Veröffentlichung der Dissertationen unter Bezugnahme auf die im Reichsanzeiger erfolgende Publikation erörtert. Im Verlaufe der Diskussion, in der Herr Anschütz in Übereinstimmung mit Herrn E. v. Meyer beantragt, in den Dissertationslisten auch die Vorbildung der Kandidaten anzugeben, schlägt der Vorsitzende vor, bei der Zusammenstellung und Veröffentlichung der Listen den im Reichsanzeiger befolgten Modus mit Weglassung nebensächlicher Angaben zugrunde zu legen. Der Sekretär wird beauftragt, die Listen in bezug auf Vollständigkeit mit den im Reichsanzeiger veröffentlichten zu vergleichen.

Die Diskussion über mögliche Kürzungen, an der sich die Herren Liebermann, Wallach, Ostwald, v. Baeyer, Anschütz und Beckmann beteiligen, führt zu dem Beschluß, die Abkürzung der Titel der Dissertation zu unterlassen und von einer Aufforderung der Mitglieder des Verbands, die Titel kürzer zu fassen, abzusehen.

Raumersparnisse sollen durch die Abkürzung der Angabe des Instituts, in welchem die Arbeit gemacht worden ist, und bei Angabe der Vorbildung gemacht werden. Der Sekretär wird beauftragt, darauf bezügliche Abkürzungen auszuarbeiten, die den Verbandsmitgliedern in einem Rundschreiben bekannt gegeben werden sollen, und bei der Herausgabe der Berichte auf Anwendung derselben zu achten.

Dem Vorschlage des Vorsitzenden, die Nummern der Verbandszeugnisse auch in die Listen der Dissertationen aufzunehmen, wird von der Versammlung beigetreten. Der Charakter der Prüfung kann durch die beigefügte Abkürzung: V., D. oder N. bezeichnet werden.

6. Herr Nernst weist auf die Schwierigkeiten hin, die ihm und Herrn Tammann, überhaupt solchen Institutsdirektoren, in deren Instituten keine besondere analytische Abteilung besteht, in den Fällen entgegentreten, daß ältere, ausländische Studenten, die häufig längere Zeit als Assistenten tätig gewesen sind, in einer beschränkten Frist — so daß sie nicht erst einem Chemischen Institut zur Ablegung der praktischen Verbandsprüfung zugewiesen werden können — den deutschen Doktorgrad erwerben wollen. Herr Nernst hegt im besonderen Bedenken, ob die von ihm in derartigen Fällen bisher befolgte Art der Abhaltung der Prüfung den Satzungen des Verbandes entspricht.

Die Diskussion, an der sich die Herren Wallach, Ostwald, v. Baeyer, Nernst, Tammann, Anschütz, R. Meyer und Beckmann beteiligen, führt zu dem Standpunkte, daß das Verbandsmitglied sich in jedem Falle aus eigener Erfahrung, aber nach keiner bestimmten Vorschrift davon überzeugen muß, daß der Kandidat hinreichende Kenntnisse und Erfahrungen in den Elementen der Chemie besitzt. Selbst in dem Falle, daß der Kandidat eine Unterrichtsstellung bekleidet hat, soll von einer Änderung der Ausführungsbestimmungen abgesehen werden. Eine Erleichterung für die ausländischen Studenten kann vielleicht dadurch erreicht werden, daß die ausländischen Kollegen von den Verhältnissen in Kenntnis gesetzt und gebeten werden, die jüngeren Fachgenossen zu einer Auffrischung der Kenntnisse in den elementaren Grundlagen schon vor der Übersiedelung nach Deutschland anzuhalten.

7. Herr R. Meyer fragt, ob auch solche Kandidaten zur Ablegung der Verbandsprüfung zugelassen werden sollen, die von vornherein nicht die Absicht haben, den Doktorgrad zu erwerben, und die das Examen gewissermaßen als Abschlußprüfung ablegen wollen. Es wird darauf hingewiesen, daß das Verbandszeugnis von vornherein auch als Ausweis über die erworbenen Kenntnisse für solche Studierende aufgefaßt worden ist, die nicht in der Lage sind, das begonnene Studium bis zur Erwerbung des Doktorgrads fortzusetzen.

8. Herr R. Meyer weist auf die Nachteile hin, die aus der Beförderung gewisser Chemikalien mit dem Feuerzeug erwachsen und regt an, daß der Verband sich zum Zwecke einer Besserung der bestehenden Verhältnisse mit der Eisenbahnverwaltung in Verbindung setzen möge. — Der Vorsitzende lehnt die Aufforderung unter Hinweis auf die Chemische Gesellschaft als die wirksamste Vertreterin für derartige Wünsche ab und betont, daß besondere Schwierigkeiten bestehen, da die einzelnen Länder verschiedene Vorschriften haben.

9. Der Schatzmeister wird, nachdem Herr Nernst den Kassenbericht geprüft hat, entlastet.

v. Baeyer,
Vorsitzender.

W. Ostwald,
Schriftführer.

B.

II. Rundschreiben an die Mitglieder des Verbandes

die Führung der Listen der Verbandszeugnisse und der Dissertationen betreffend.

In der VI. Hauptversammlung des Verbandes in Cassel ist beschlossen worden, in den Promotionslisten den Grad der Vorbildung entsprechend den Veröffentlichungen im Reichsanzeiger und außerdem die Nummer des Verbandszeugnisses anzugeben. Ferner ist das Sekretariat aus ökonomischen Gründen beauftragt worden, für möglichste Kürzungen der Bezeichnungen Sorge zu tragen. In Ausführung dieses Beschlusses erläßt der Vorstand folgendes Rundschreiben an die Herren Mitgliedes des Verbandes und bittet zugleich, sich der vom Sekretariat vorgeschlagenen Abkürzungen zu bedienen, da dadurch die schon ohnehin beträchtliche Arbeit bei der Herstellung der Berichte wesentlich erleichtert werden würde.

1. Abkürzungen für die Angabe der Vorbildung.

Gymnasium	durch	G.
Realgymnasium	»	R.-G.
Oberrealschule	»	O.-R.-Sch.
Realschule	»	R.-Sch.
Industrieschule	»	Ind.-Sch.
Handelsschule	»	Hand.-Sch.
Handelsakademie	»	Hand.-Ak.
Gewerbeakademie	»	Gew.-Ak.
College	»	Koll.
Privatschule	»	Priv.-Sch.
Kantonschule	»	Kant.-Sch.
Apotheker	»	Ap.
Abiturientenzeugnis	»	Ab.
Zeugnis für den einj. Dienst . .	»	Einj.
Bachelor of Science	»	B. S.
» » Art	»	B. A.
Master of Science	»	M. S.
Ingenieur-Diplom	»	Ing.-Dpl.
absolviert	»	abs.
Ober- resp. Unterprima	»	Ia resp. Ib.
Ober- resp. Untersekunda	»	IIa resp. IIb.

Die Benennungen für andere Lehranstalten, die nur ausnahmsweise erwähnt werden, wie Mädchen-Gymnasium, Lehrer-Institut, Reichslandwirtschule, Höhere Staatsgewerbeschule können gegebenenfalls möglichst eindeutig abgekürzt werden.

Bei Nicht-Abiturienten ist die mit Versetzungszeugnis absolvierte Klasse anzugeben.

2. Listen der Dissertationen.

Die einzelnen Rubriken in den Dissertationslisten werden nach dem Casseler Beschluß künftig sein:

1. Laufende Nummer,
2. Name des Promovierten,
3. Nummer des Verbandszeugnisses,
4. Vorbildung,[1])
5. Titel der Dissertation,
6. Bezeichnung des Laboratoriums,
7. Name des Dozenten, welcher die Arbeit geleistet hat,
8. Ort der Promotion, event. Fehlanzeige.

Die Herren Verbandsmitglieder werden gebeten, die Nummer des Verbandszeugnisses beizufügen. Sollte dies mit Schwierigkeiten verknüpft sein, so wird dies durch das Sekretariat geschehen.

Der für die Aufnahme der neuen Rubriken erforderliche Raum kann durch die Benutzung der nachstehenden Abkürzungen für die Bezeichnung des Laboratoriums beschafft werden.

Institut	durch	Inst.
Laboratorium	»	Lab.
Chemisches	»	Ch.
Angewandte Chemie	»	Angew. Ch.
Anorganische Chemie	»	A. Ch.
Elektrochemie	»	El.-Ch.
Landwirtschaftliches . . . . . resp. Agrikulturchemisches . .	»	Landw.
Organisch-chemisches	»	Org.-Ch.
Pharmaceutisches	»	Pharm.
Physikalisch-chemisches . . .	»	Ph.-Ch.
Physiologisch-chemisches . . .	»	Physiol.
Technologisches	»	Techn.

3. Termin für die Einsendung der Listen.

Die Listen werden für die Herausgabe der Berichte etwa Anfang Mai gebraucht. Es ist aber im Interesse der Durchführung der eben erwähnten Punkte erwünscht, daß die (Verbandszeugnis- und Dissertations-)Listen möglichst bald nach Abschluß der Liste der Dissertationen (1. April) an den Schriftführer gesandt werden.

v. Baeyer, Vorsitzender. **W. Ostwald,** Schriftführer.

[1]) Bis zum Verbrauch der vorgedruckten Formulare empfiehlt es sich, die Nummer des Verbandszeugnisses und den Grad der Vorbildung in der zweiten Rubrik unter dem Namen des Kandidaten anzugeben.

C.

Ausführungsbestimmungen

für die Verbandsprüfung,

angenommen in der Verbandsversammlung vom 12. März 1898.

§ 1.

Das Verbandsexamen besteht aus einer praktischen Prüfung in qualitativer, quantitativer und Maßanalyse und ferner in einer mündlichen Prüfung in analytischer und unorganischer Chemie, sowie in den Elementen der organischen Chemie.

§ 2.

Der Zweck dieser Prüfung ist ein dreifacher. Für die Studierenden soll dieselbe ein Abschluß für die Vorbereitungsstudien sein. Den Laboratoriumsvorständen soll dadurch ein Mittel an die Hand gegeben werden, um einerseits zu kontrollieren, ob die in ihrem Laboratorium arbeitenden Studierenden nach allen Seiten hin in der elementaren Chemie hinreichend ausgebildet sind; und anderseits die fremden Studierenden, welche von andern Hochschulen oder von Privatlaboratorien kommen, auf ihre Kenntnisse zu prüfen und eventuell zu einer Repetition zu veranlassen. Drittens soll die Prüfung den Industriellen oder andern Personen, welche Chemiker anstellen, eine Garantie dafür geben, daß der Bewerber die notwendigen elementaren Kenntnisse besitzt. Die bisherigen Einrichtungen haben erfahrungsmäßig hierfür nicht ausgereicht.

§ 3.

Da durch die Verbandsprüfung eine gleichmäßige Ausbildung der Studierenden in den Elementen erzielt werden soll, so ist selbstverständlich, daß die Anforderungen an allen Hochschulen in sachlicher Beziehung einheitlich sein müssen. Dagegen kann die Form, in der sich der Lehrer vom Vorhandensein der geforderten Kenntnisse überzeugt, eine verschiedene sein. So kann z. B. an technischen Hochschulen ein Verbandszeugnis auf Grund einer Diplomvorprüfung oder einer Schlußprüfung ausgestellt werden, wenn in letzteren mindestens eben so viel verlangt wird als in ersterer. Auch an Universitäten soll kein besonderer Modus für das Examen vorgeschrieben werden. Es bleibt dem Examinator überlassen, wie er sich von dem Vorhandensein der Kenntnisse überzeugen will, er haftet aber durch seine Namensunterschrift dafür, daß der Kandidat zur Zeit der Prüfung die vom Verbande geforderten Kenntnisse besessen hat. Verbandszeugnisse auf Grund der Versicherung eines Studierenden, daß er die geforderten Kenntnisse besitze, oder auf das Zeugnis eines andern Lehrers hin auszustellen, ist daher unzulässig. Was die Ausführung der praktischen Prüfung betrifft, so kann die Überwachung derselben von dem Vorstande einem Abteilungsvorstand oder Assistenten übertragen werden, der Vorstand übernimmt aber persönlich die Verantwortung und bescheinigt das Bestehen der Prüfung durch seine Namensunterschrift. In Laboratorien, wo ein Laboratoriumsjournal eingeführt ist, kann das Bestehen der praktischen Prüfung auch auf Grund dieses Journals bezeugt werden.

§ 4.

Die praktische Prüfung und die mündliche Prüfung in der analytischen und in der unorganischen Chemie muß an ein und derselben Hochschule innerhalb 6 Monaten abgelegt werden. So kann z. B. die praktische Prüfung am Ende des Sommersemesters, die mündliche zu Anfang des Wintersemesters stattfinden. Stets muß aber die praktische Prüfung der mündlichen vorangehen. Verbandszeugnisse über die praktische Prüfung allein haben daher an einer andern Hochschule keine Gültigkeit.

Die mündliche Prüfung in organischer Chemie kann auch an einer andern Hochschule und zu einer beliebigen Zeit abgehalten werden.

§ 5.

Als erstrebenswertes Ziel wird hingestellt, daß der Examinator nur solche Studierende examiniert, die in seinem Laboratorium gearbeitet haben. Den tatsächlichen Verhältnissen entsprechend, ist es indessen auch gestattet, fremde Studierende zu prüfen, namentlich auch solche, welche auf ausländischen Anstalten studiert haben. Beanspruchen können die Zulassung indessen nur diejenigen, welche mindestens ein Semester in dem betreffenden Laboratorium gearbeitet und sich nach Ansicht des Vorstandes die nötigen Kenntnisse erworben haben. Der Eintritt in den Verband verpflichtet den Laboratoriumsvorstand, solche Studierende zu prüfen, während die Prüfung von anderen seinem freien Ermessen anheimgestellt wird. Die Prüfung erfolgt auf Antrag des Studierenden oder auf Wunsch des Vorstandes. Besteht der Studierende die Prüfung nicht, so wird auch kein Zeugnis ausgestellt. Vorschriften über die Wiederholung der Prüfung werden nicht gegeben.

Die Verbandsmitglieder sind verpflichtet, nur solchen Studierenden, welche die Verbandsprüfung bestanden haben, ein Thema für eine Doktor- oder Diplomarbeit zu geben.

§ 6.

Umfang der Verbandsprüfung.

Die praktische Prüfung.

Die praktische Prüfung zerfällt in drei Teile:

a) Ausführung einer qualitativen Analyse.

In dieser Prüfung wird gefordert, daß der Kandidat in einem eigens zu diesem Zweck dargestellten Gemisch alle Bestandteile nachweist. Das Gemisch soll eine größere Anzahl von Stoffen enthalten, aber nur solche, welche in dem allgemein üblichen Gang der Analyse vorkommen.

b) Quantitative Analyse.

In der quantitativen Analyse wird das Hauptgewicht auf die Genauigkeit der Bestimmung gelegt. Dem Kandidaten ist die qualitative Zusammensetzung der Mischung mitzuteilen, er hat darin zwei bis drei Stoffe, deren Trennung und Bestimmung in dem üblichen analytischen Gang vorkommen, quantitativ zu bestimmen.[1])

c) Maßanalytische Aufgabe.

Bei diesem Teile der Prüfung muß der Kandidat alle zur Verwendung kommenden Normallösungen selbst darstellen.

---

[1]) Da die Ansichten über das, was in der quantitativen Analyse gefordert werden muß, ziemlich weit auseinander gehen, sind im folgenden einige Beispiele von Aufgaben aufgeführt:

1. Gemisch von Chlorkalium und Jodkalium.
   In einer Portion ist Jod und Chlor zu bestimmen, in einer zweiten Alkali als Sulfat.
2. Kupfersulfat und Mohrsches Salz.
   In einer Portion Kupfer und Eisen.
3. Kupfersulfat und Zinksulfat.
   In einer Portion Kupfer und Zink, in einer zweiten Schwefelsäure.
4. Magnesiumsulfat und Kaliumsulfat, nicht das Doppelsalz.
   In einer Portion Magnesium und Kalium in einer zweiten Schwefelsäure.
5. Quecksilberchlorid und Wismutnitrat.
6. Chromalaun und Tonerdealaun.
7. Kaliumpermanganat und Kupfersulfat.
8. Chlorkalium, Chlornatrium, Chlorammonium.
   In einer Portion Kalium und Natrium, in einer zweiten Chlor.
9. Schwefelkadmium und Zinnober mit Schwefel gemengt.
   Schwefel durch Schmelzen zu oxydieren und als Baryumsulfat zu bestimmen
10. Reiner Orthoklas und Quarzpulver.
    Kieselsäure- und Tonerdebestimmung.

Die mündliche Prüfung.

Die mündliche Prüfung zerfällt in drei Abschnitte:

a) Analytische Chemie.

In der qualitativen Analyse soll der Kandidat den Nachweis der in dem üblichen Gang vorkommenden Stoffe kennen. In der quantitativen Analyse wird die Kenntnis der Trennungs- und Bestimmungsmethoden der wichtigeren Elemente und ihrer Verbindungen verlangt.

b) Unorganische Chemie.

In diesem Fache wird die Kenntnis der Disziplin in dem Umfange gefordert, wie sie in der Regel in den Vorlesungen über unorganische Experimentalchemie vorgetragen wird.

c) Organische Chemie.

Kenntnis der Grundzüge der organischen Chemie.

v. Baeyer, Vorsitzender. **Ostwald,** Schriftführer.

D.

Mitgliederverzeichnis vom 18. September 1904.

Vorstand:

Erster Vorsitzender: **A. v. Baeyer**, München.
Zweiter Vorsitzender: **H. Bunte**, Karlsruhe i. B.
Erster Beisitzer: **E. Fischer**, Berlin.
Zweiter Beisitzer: **E. v. Meyer**, Dresden.
Schriftführer u. Leiter d. Berichtes: **W. Ostwald**, Leipzig.
Schatzmeister: **C. Liebermann**, Berlin-Charlottenburg.

Mitglieder des Verbandes:

Prof. F. B. **Ahrens**, Breslau, Landwirtschaftl.-Technolog. Institut der Univ., Mathiasplatz 5.
» R. **Anschütz**, Bonn, Chem. Univers.-Laborat.
» K. **Auwers**, Greifswald, Chem. Univers.-Laborat.
» A. v. **Baeyer**, München, Arcisstr. 1. Chem. Laborat. d. Akadem. d. Wissenschaften.
» E. **Beckmann**, Leipzig, Brüderstr. 34, Univers.-Laborat. für angew. Chemie.
» H. **Beckurts**, Braunschweig, Technische Hochschule.
» R. **Behrend**, Hannover, Technische Hochschule.
» J. **Bredt**, Aachen, Technische Hochschule.
» E. **Buchner**, Berlin N., Chem. Laborat. d. Landwirtschaftl. Hochschule.
» H. **Bunte**, Karlsruhe, Technische Hochschule
» L. **Claisen**[1], Kiel, Chem. Univers.-Laborat.
» A. **Classen**, Aachen, Technische Hochschule.
» Th. **Curtius**, Heidelberg, Chem. Univers.-Laborat.
» O. **Dieffenbach**, Darmstadt, Technische Hochschule.
» K. **Elbs**, Gießen, Physik.-chem. Univers.-Laborat.
» C. **Engler**, Karlsruhe, Technische Hochschule.
» H. **Erdmann**, Charlottenburg, Technische Hochschule.
» E. **Fischer**, Berlin N., I. Chem. Univers.-Laborat.
» O. **Fischer**, Erlangen, Chem. Univers.-Laborat.
» J. **Gadamer**, Breslau, I. Pharmaz. Inst., Schuhbrücke 38/39 I.
» L. **Gattermann**, Freiburg i. B., Chem. Univers.-Laborat.
» A. **Hantzsch**, Leipzig, Chem. Univers.-Laborat.
» C. **Häussermann**, Stuttgart, Technische Hochschule.

[1] Prof. Claisen scheidet mit Ablauf des Geschäftsjahres 1903/04 aus.

Prof. C. **Hell**, Stuttgart, Technische Hochschule.
» W. **Hempel**, Dresden, Technische Hochschule.
» A. **Hilger**, München, Chem. Univers.-Laborat. für angewandte Chemie, Karlstr. 29.
» C. G. **Hüfner**, Tübingen, Physiolog.-chem. Univers.-Laborat.
» H. **Kiliani**, Freiburg i. B., Chem. Univers.-Laborat.
» H. **Klinger**, Königsberg i. Pr., Chem. Univers.-Laborat.
» L. **Knorr**, Jena, Chem. Univers.-Laborat.
» G. v. **Knorre**, Charlottenburg, Technische Hochschule.
» Fr. **Krafft**, Heidelberg, Wilhelmstr. 2.
» A. **Ladenburg**, Breslau, Chem. Univers.-Laborat.
» H. **Landolt**, Berlin NW., II. Chem. Univers.-Laborat., Bunsenstr. 1.
» C. **Liebermann**, Charlottenburg, Technische Hochschule.
» L. **Medicus**, Würzburg, Technologisches Institut der Univers.
» E. v. **Meyer**, Dresden, Technische Hochschule.
» R. **Meyer**, Braunschweig, Technische Hochschule. Laborat. f. analyt. u. techn. Chemie.
» A. **Michaelis**, Rostock i. Meckl., Chem. Univers.-Laborat.
» R. **Möhlau**, Dresden, Technische Hochschule.
« W. **Muthmann**, München, Technische Hochschule. Analyt. Laborat.
» A. **Naumann**, Gießen, Chem. Univers.-Laborat.
» W. **Nernst**, Göttingen, Institut für Elektrochemie und physikalische Chemie a. d. Univers.
» W. **Ostwald**, Leipzig, Physik.-chem. Institut der Univers.
» C. **Paal**, Erlangen, Pharmazeut.-chem. Institut der Univers.
» H. **Salkowski**, Münster i. W., Chem. Laborat. der Univers.
» E. **Schmidt**, Marburg i. H., Pharmazeut.-chem. Univers.-Laborat.
» G. **Schultz**, München, Technische Hochschule.
» K. **Seubert**, Hannover, Technische Hochschule.
« M. **Siegfried**, Leipzig, Physiolog. Institut d. Univers.
» W. **Städel**, Darmstadt, Technische Hochschule.
» A. **Stutzer**, Königsberg, Agrikulturchem. Institut.
» **Tafel**, Würzburg, Chemisches Institut.
» G. **Tammann**, Göttingen, Anorgan.-chem. Institut.
» J. **Thiele**, Straßburg, Chem. Univers.-Laborat.
» B. **Tollens**, Agrikulturchem. Laborat. der Univers. Göttingen.
» J. **Volhard**, Halle a. S., Chem. Univers.-Laborat.
» O. **Wallach**, Göttingen, Chem. Univers.-Laborat.
» H. **Wichelhaus**, Berlin NW., Technolog. Institut d. Univers., Bunsenstraße 1.
» W. **Wislicenus**, Tübingen, Chem. Univers.-Laborat.
» O. N. **Witt**, Berlin NW. 23, Siegmundshof 21. Technische Hochschule.
» Th. **Zincke**, Marburg i. H., Chem. Univers.-Laborat.

Auf Grund der Braunschweiger Statuten sind bis zum 1. April 1904 folgende Register der abgelegten Prüfungen an den Schriftführer des Vorstandes eingsandt worden:

(* bedeutet: Angabe fehlt.)

E.

Register der im Sommer 1903 und Winter 1903/04 ausgestellten Verbandszeugnisse.

Chemische Laboratorien der Technischen Hochschule Aachen.

Aufgedruckte No. der Zeugniskarte	Vorname	Zuname	Geburtsort	Vorbildung	Examinatoren	Datum der Ausfertigung	Art der Prüfung
S.-S. 03							
2511	**Wilhelm**	**Beckers**	Aachen	Ap.	Bredt u. Claßen	23./6. 03	
2518	**Karl**	**The Losen**	Eupen	G. IIa	Bredt u. Claßen	14./7. 03	
W.-S. 03/04							
2520	**Willy**	**Pitz**	Antwerpen	R.-Sch. IIa	Bredt u. Claßen	18./3. 04	

I. Chemisches Institut der Universität Berlin.

Aufgedruckte No. der Zeugniskarte	Vorname	Zuname	Geburtsort	Vorbildung	Examinatoren	Datum der Ausfertigung	Art der Prüfung
S.-S. 03							
3803	**Max**	**Schulz**	Berlin	O.-R.-Sch.	E. Fischer	6./5. 03	
3804	**Martin**	**Silbermann**	Berlin	R.-G.	E. Fischer	6./5. 03	
3805	**Albrecht**	**Thiele**	Dorum	G.	E. Fischer	6./5. 03	
2796	**Heinrich**	**Roth**	Kandel	G.	E. Fischer	26./5. 03	
3806	**Hugo**	**Graf**	Hanau	O.-R.-Sch.	E. Fischer	27./5. 03	
3807	**Richard**	**Thonet**	Biestritz (Mähr.)	O.-R.-Sch.	E. Fischer	27./5. 03	
3808	**Alex.**	**Ludwig**	Kraiova (Rumän.)	G.	E. Fischer	27./5. 03	
3809	**Ludwig**	**Lippmann**	Berlin	G.	E. Fischer	1./7. 03	
3810	**Hans**	**Küchler**	Mannheim	R.-G.	E. Fischer	1./7. 03	
3812	**Gerhard**	**Jürst**	Berlin	R.-G. Einj.	E. Fischer	1./7. 03	
3813	**Berthold**	**Sigismund**	Leipzig	R.-G.	E. Fischer	1./7. 03	
3209	**Wilhelm**	**Koelker**	Toledo (Ohio)	G. Ab.	H. Erdmann, E. Fischer	28./7. 03	
3816	**Oskar**	**Isay**	Trier	G. Ab.	E. Fischer	28./7. 03	
3817	**Felix**	**Bunzl**	Wien	G. Ab.	E. Fischer	28./7. 03	
3819	**Bruno**	**Denk**	Goerwihl (Bad.)	G. Ab.	E. Fischer	28./7. 03	
3820	**Kurt**	**Stäuber**	Berlin	R.-G. Ab.	E. Fischer	28./7. 03	
3821	**Alfred**	**Argyris**	Athen	Dr. med.	E. Fischer	28./7. 03	
3822	**Max**	**Federer**	Kohljanowitz	G. Ab.	E. Fischer	28./7. 03	
3824	**Ludwig**	**Wolter**	Frankfurt a. M.	O.-R.-Sch. Ab.	E. Fischer	28./7. 03	
3825	**Theodor**	**Johnson**	Havana	G. mod. Paris	E. Fischer	28./7. 03	
2781	**Robert**	**Hoffmann**	Ludwigshafen	G. Ab.	E. Engler, E. Fischer	28./7. 03	

I. Chemisches Institut der Universität Berlin. Fortsetzung.

Aufgedruckte No. der Zeugniskarte	Vorname	Zuname	Geburtsort	Vorbildung	Examinatoren	Datum der Ausfertigung	Art der Prüfung
W.-S. 03/04							
3827	Siegfried	Hilpert	Straßburg (Els.)	G. Ab.		30./1. 04	
3828	Manuel	Johnson	Havana	G. (Bacc.)	i. V. Gabriel	13./11. 03	
3826	Albert	Lieck	Berlin	R.-G. Ab.		14./11. 03	
3249	Willy	Gottschalk	Köln a. Rh.	G. Ab.	Th. Curtius i. V. Gabriel	14./11. 03	
3829	Fritz	Quade	Stettin	G. Ab.		31./1. 04	
3818	Otto	Gerngross	Wien	O.-R.-Sch. Ab.		14./11. 03	
3830	Albert	Johnson	Havana	Paris-Sorb. (Bacc.)	i. V. Gabriel	14./11. 03	
3801	Kuno	Kahan	Berlin	R.-G. Ab.		14./11. 03	
4141	Hans	von Schönthan	Berlin	R.-G. Ab.		14./11. 03	
3565	Kurt	Langheld	Berlin	R.-G. Ab.	Landolt i. V. Gabriel	14./11. 03	
4143	Johs.	Sielisch	Klein Schönbeck	R.-G. Ab.		14./12. 03	
4144	Rudolf	v. d. Leeden	Preßbaum (Österr.)	G. Ab.	i. V. Gabriel	14./12. 03	
3252	Erwin	v. der Linde	Krefeld	G. II	Curtius i. V. Gabriel	14./12. 03	
4122	Georg	Plaut	Frankfurt a. M.	G. Ab.	Landolt i. V. Gabriel	17./12. 03	
4142	Ernst	Neimann	Neidenburg (Ostpr.)	G. Ab.		17./12. 03	
4147	Wilhelm	Freund	Babitz	G.		17./12. 03	
4148	Ephraim	Edelstein	Tarnow (Hall.)	G.		18./12. 03	
3580	Otto	Warburg	Freiburg i. B.	G. Ab.		14./12. 03	
3802	Walter	Lewy	Berlin	G. Ab.	i. V. Gabriel	18./12. 03	
4150	A.	Pfaff	Berlin	G.		30./1. 04	
4151		Dr. med. Raske	Rügenwalde	G.		30./1. 04	
4152	Ludwig	Sachs	Wien	G.		30./1. 04	
3823	Viktor	Meyer	Berlin	G.		3./3. 04	
4153	Arnold	Anschütz	Lissa	O.-R.-Sch.		3./3. 04	
967	Berko	Feigenberg	Wilna	R.-Sch.	Buchner i. V. Gabriel	4./3. 04	
3814	Hans	Braun	Stettin	G.		5./3. 04	
4145	Valentin	Weiss	Neustadt a. W.	O.-R.-Sch.	i. V. Gabriel	5./3. 04	
4157	Bruno	Bohm	Berlin	R.-G.		5./3. 04	

II. Chemisches Institut der Universität Berlin.

S.-S. 03							
3565	Kurt	Langheld	Berlin	R.-G.		3./7. 03	
3566	Wilhelm	Triepel	Berlin	R.-G.		21./7. 03	
W.-S. 03/04					Landolt		
3569	Hugo	Henkel	Düsseldorf	O.-R.-Sch.		19./10. 03	
3564	Richard	Meth	Berlin	G.		6./1. 04	
4123	Walter	Vogelsang	Leipzig	O.-R.-Sch.		28./1. 04	

II. Chemisches Institut der Universität Berlin. Fortsetzung.

Aufgedruckte No. der Zeugniskarte	Vorname	Zuname	Geburtsort	Vorbildung	Examinatoren	Datum der Ausfertigung	Art der Prüfung
W.-S. 03/04							
3239	Eugen	Sachsel	Wien	G.	Landold	25./2. 04	
4124	Alex.	Grünerwald	Riga	G.		10./3. 04	
4125	Arthur	Cohn	Berlin	G.		3./3. 04	
4126	Oskar	Lohse	Berlin	G.		15./3. 04	

Technologisches Institut der Universität Berlin.

S.-S. 03							
619	Franz	Falk	Antwerpen	O.-R.-Sch.	Wichelhaus	9./5. 03	

Anorgan. Laboratorium der Königl. Techn. Hochschule zu Berlin.

S.-S. 03							
3768	Jacques	Jakubson	Odessa	O.-R.-Sch.	Erdmann	6./7. 03	V.
3769	Robert	Maas	Berlin	R.-G.		9./7. 03	V.
3770	Walter	Rosenkranz	Stettin	R.-G.		9./7. 03	V.
3771	Leon	Fildermann	Focsani (Rumän.)	R.-G.		9./7. 03	V.
3772	Friedr.	Brüning	Berlin	*		9./7. 03	V.
3773	Werner	Brauen	Interlaken	O.-R.-Sch.		14./7. 03	V.
3774	Osias	Pollinger	Jassy (Rumän.)	R.-G.		14./7. 03	V.
3775	Wilhelm	Trenkner	Hannover	R.-G.		14./7. 03	V.
3776	Hugo	Stein	Lündenburg (Mähren)	O.-R.-Sch.		14./7. 03	V.
3777	Hans	Osterburg	Schmiegel	G.		14./7. 03	V.
3778	Rubin	Löbel	Campina	R.-G.		14./7. 03	V.
3779	Lothar	Bracht	Cottbus	*		14./7. 03	V.
3780	Hans	Wrede	Münden (Hann.)	*		14./7. 03	V.
1444	Abram	Nachmann	Stirby (Rumän.)	R.-G.		14./7. 03	V.
1445	J. L.	Haber	Bacau	G.		14./7. 03	V.
1446	Adalbert	Jung	Essen	G.		14./7. 03	V.
3931	Richard	Kreide	Fürstenwalde	R.-G.		14./7. 03	V.
1448	Kurt	Hoffmann	Königshütte (O.-Schl.)	G.		14./7. 03	V.
3932	Valentin	Kubosch	Groß-Borek	G.		14./7. 03	V.
3933	Georg	Gané	Botosani	G.		14./7. 03	V.
3934	Fritz	Schroth	Radeionkaugrube	*		14./7. 03	V.
3935	Karl	Volkmann	Treptow a. Rga.	G.		14./7. 03	V.
1447	Peter	Prömper	Eschweiler	G.		15./7. 03	V.
3936	Alfred	van Dyck	Kayl (Luxemb.)	G.		15./7. 03	V.
3937	Gerhard	Stein	Berlin	*		15./7. 03	V.
3940	Philipp	Ploecker	Schweidnitz	G.		15./7. 03	V.
3938	Fritz	Cremer	Essen a. Rh.	G.		15./7. 03	V.
3939	Friedr.	Späte	Dresden	G.		15./7. 03	V.

Anorgan. Laboratorium der Königl. Techn. Hochschule zu Berlin. Fortsetzung.

Aufgedruckte No. der Zeugniskarte	Vorname	Zuname	Geburtsort	Vorbildung	Examinatoren	Datum der Ausfertigung	Art der Prüfung
S.-S. 03							
3950	**Itzko**	**Reichin-stein**	Mohilew (Rußl.)	R.-G.		16./7. 03	V.
3951	**Wilhelm**	**Schulte**	Ruhrort a. Rh.	R.-G.		16./7. 03	V.
3952	**Ernst**	**Baron**	Grocholuh	*		16./7. 03	V.
3953	**Emil**	**Marben**	Bergedorfb.Burg	G.		16./7. 03	V.
3954	**Paul**	**Mayberg**	Witten a. Rh.	R.-G.		17./7. 03	V.
3955	**Karl**	**Thiers**	Riga (Rußland)	*		17./7. 03	V.
3956	**Adolf**	**Kroll**	Lüttich	G.		17./7. 03	V.
3957	**Fritz**	**Bensel**	Podanin (Posen)	*	Erdmann	17./7. 03	V.
3958	**Theodor**	**Dieckmann**	Dortmund	G.		17./7. 03	V.
3959	**Ernst**	**Gellbach**	Siegen	R.-G.		17./7. 03	V.
3960	**Georg**	**Mardus**	Berlin	O.-R.-Sch.		17./7. 03	V.
3961	**Friedr.**	**Hepner**	Gleiwitz	G.		17./7. 03	V.
3962	**Byranyi**	**Saklat-walla**	Bombay	Dipl. d. Univ. Bombay		17./7. 03	V.
3963	**Wilhelm**	**Romland**	Paris	R.-G.		18./7. 03	V.
W.-S. 03/04							
3964	**Franz**	**Juretzka**	Beuthen a. S.	*	Erdmann von Knorre Liebermann	20./10. 03	D.
3965	**Leo**	**Reich**	Podgorze (Österr.-Ung.)	G.		3./11. 03	D.
3966	**Stanisl.**	**Pietzka**	Miechowitz (Ob.-Schl.)	O.-R.-Sch.	Erdmann	18./11. 03	V.
3967	**Theophil**	**Silbermann**	Bukarest	G.	Erdmann von Knorre Liebermann	5./2. 04	D.
3968	**Berthold**	**Schulz**	Berlin	O.-R.-Sch.		29./2. 04	V.
3969	**Oskar**	**Mayrhofer**	Neapel	Ind.-Sch.		7./3. 04	V.
3970	**Jakob**	**Parnas**	Lemberg	G.		7./3. 04	V.
3941	**Hans**	**Sell**	Pleß (Ob.-Schl.)	G.		7./3. 04	V.
3942	**Emanuel**	**Halaczek**	Niemce (Russ.-Polen)	O.-R.-Sch.		7./3. 04	V.
3943	**Hans**	**Schmitz**	Köln a. Rh.	G.		10./3. 04	V.
3944	**Albert**	**Lieckfeld**	St. Petersburg	O.-R.-Sch. (Rußland)		14./3. 04	V.
3945	**Kurt**	**Lichten-stein**	Pernau (Livland)	*		14./3. 04	V.
3946	**Erich**	**Hadank**	Darmstadt	*	Erdmann	14./3. 04	V.
3947	**Kurt**	**Noack**	Kalau	G.		14./3. 04	V.
3948	**Erich**	**Herre**	Potsdam	*		16./3. 04	V.
4321	**Samuel**	**Goy**	Pitschen (O.-S.)	G.		16./3. 04	V.
4322	**Léon**	**Geller**	Focsani (Rumän.)	G.		16./3. 04	V.
4323	**Fritz**	**Hiller**	Berlin	R.-G.		16./3. 04	V.
4324	**Emil**	**Bergmann**	Waldheim (Sa.)	R.-G.		16./3. 04	V.
4325	**Walter**	**Friedrich**	Waldenburg (Schles.)	G.		16./3. 04	V.
4326	**Silvester**	**Knuth**	Wissek (Posen)	*		16./3. 04	V.
4327	**Max**	**Schmitz**	Dortmund	R.-G.		16./3. 04	V.
4328	**Alex.**	**Shaw**	Würzburg	*		16./3. 04	V

Anorgan. Laboratorium der Königl. Techn. Hochschule zu Berlin. Fortsetzung.

Aufgedruckte No. der Zeugniskarte	Vorname	Zuname	Geburtsort	Vorbildung	Examinatoren	Datum der Ausfertigung	Art der Prüfung
W.-S. 03/04							
4329	Kurt	Zolling	Breslau	O.-R.-Sch.		16./3. 04	V.
4330	Viktor	Ploy	Manning (Ob.-Österr.)	G.		16./3. 04	V
4331	Eduard	Oehler	Offenbach a. M.	G.		16./3. 04	D
4332	Rudolf	Tammert	Bielitz (Österr.)	O.-R.-Sch.		16./3. 04	V.
4333	Elias	Waisberg	St. Petersburg	G.		17./3. 04	V
4334	Erich	Schaefer	Zawodzie	G.		17./3. 04	V.
4335	Ernst	Koppe	Berlin	R.-G.		17./3. 04	V.
4336	Reiner	Dahmen	Damianshof (Rhld.)	G.	Erdmann	17./3. 04	V
4337	Julius	Nemesiu	Kronstadt (Ung.)	G.		17./3. 04	V.
4338	Herbert	Lehmann	Berlin	G.		17./3. 04	V.
4339	Ernst	Leist	Berlin	*		17./3. 04	V.
4340	Walter	Lwowski	Halle a. S.	G.		17./3. 04	V.
4341	Werner	Schultz	Berlin	G.		17./3. 04	V.
4342	Hans	Truchsaess	Colmar	R.-G.		18./3. 04	V
4343	Albrecht	Schneider	Berlin	O.-R.-Sch.		18./3. 04	V.
4345	Johs.	Rolle	Berlin	G.		18./3. 04	V.
4346	Alfred	Keller	Siegburg	G.		18./3. 04	V

Organisches Laboratorium der Technischen Hochschule zu Berlin.

S.-S. 03							
1449	Karl	Fricke	Berlin	G. IIa	Liebermann H. Erdmann	23./6. 03	V. u D.
1441	Frederic	Dannerth	Philadelphia	G. abs.	Liebermann	26./6. 03	V.
965	Jakob	Goldberg	Kiew	6 klass. russ. G., immat.	Buchner Liebermann	27./6. 03	V.
1443	Julius	Müller	Metz	G. abs.	Liebermann	1./7. 03	V.

Techn.-chemisches Laboratorium der Königl. Techn. Hochschule zu Berlin.

W.-S. 03/04							
2259	Paul	Goldberger de Buda	Wien	G. Ab.	Witt	17./3. 04	V.

Chemisches Laboratorium der Landwirtschaftlichen Hochschule in Berlin.

S.-S. 03							
959	Friedr.	Heim	Berlin	O.-R.-Sch. Ab.		3./8. 03	V.
W.-S. 03/04					Buchner		
960	Rufus	Gaunt	Leeds	B. S.		26./2. 04	V.
961	Emil	Jüngermann	Lüdenscheid	R.-G. Ab.		29./2. 04	V.

Chemisches Institut der Universität Bonn.

Aufgedruckte No. der Zeugniskarte	Vorname	Zuname	Geburtsort	Vorbildung	Examinatoren	Datum der Ausfertigung	Art der Prüfung
S.-S. 03							
3678	**Josef**	**Contzen**	Aachen	R.-G. Ab.	Anschütz	20./4. 03	
3679	**Aegidius**	**Düsterwald**	Vilich b. Beuel	G. IIb	Anschütz	20./4. 03	
3674	**Matthias**	**Joist**	Miel b. Rheims	G. Ab.	Anschütz	15./6. 03	
3680	**August.**	**Dübbers**	Bonn	G. Ab.	Anschütz	15./6. 03	
3871	**Leo**	**Stein**	Neuß	G. Ab.	Anschütz	15./6. 03	
3872	**Karl**	**Neizert**	Neuwied	G. Ab.	Anschütz	4./8. 03	
3874	**Heinrich**	**Wienhaus**	Hagen (Westf.)	R.-G. Ab.	Anschütz	4./8. 03	
3875	**Dietrich**	**Reininghaus**	Altena (Westf.)	G. IIb	Anschütz	4./8. 03	
W.-S. 03/04							
3878	**Peter**	**Junkersdorf**	Bonn	G. Ab.	Anschütz	3./3. 04	
3882	**Karl**	**Wahl**	Friedrich-Wilhelmshütte b. Troisdorf	G. IIa	Anschütz	5./3. 04	
3883	**Claus**	**Decker**	Neuß	G. IIa	Anschütz	5./3. 04	
3884	**Karl**	**Heimig**	Wesel	G. IIa	Anschütz	5./3. 04	
3885	**Kurt**	**Schremmer**	Heinsberg	G. IIa	Anschütz	5./3. 04	

Laboratorium f. analyt. u. techn. Chemie. Techn. Hochschule Braunschweig.

S.-S. 03							
2121	**Erich**	**Hoefer**	Seehausen (Altmark)	G. IIa	R. Meyer	1./8. 03	V.
2122	**Hans**	**Bressel**	Dahlen-Waresleben b. Mgdb.	R.-G. Ib	R. Meyer	1./8. 03	V.
W.-S. 03/04							
2123	**Herm.**	**Pfotenhauer**	Hannover	G.	R. Meyer	23./10. 03	D.
2124	**Otto**	**Keune**	Halberstadt	O.-R.-Sch.	R. Meyer	24./11. 03	V.
2125	**Richard**	**Bartels**	Suderode	O.-R.-Sch.	R. Meyer	24./11. 03	V.
2126	**Ignatius**	**Liban**	Podgorze b. Krakau	Öster. Staats-Gew.-Sch. II. Jahrg.	R. Meyer	19./12. 03	D.
2127	**Friedr.**	**Gothe**	Gandersheim	R.-G. I. Reife	R. Meyer	19./12. 03	V.
2128	**Willy**	**Müller**	Marburg (Hess.)	O.-R.-Sch.	R. Meyer	23./1. 04	V.
2129	**Herm.**	**Schultze**	Braunschweig	O.-R.-Sch.	R. Meyer	16./3. 04	V.
2130	**Itcka**	**Glikin**	Kopis (Rußland)	H. Hand.-Sch.	R. Meyer	18./3. 04	D

Pharm.-chem. Laboratorium der Techn. Hochschule Braunschweig.

Aufgedruckte No. der Zeugniskarte	Vorname	Zuname	Geburtsort	Vorbildung	Examinatoren	Datum der Ausfertigung	Art der Prüfung
S.-S. 03							
3017	Walter	Harttung	Jauer (Schles.)	Ap.	Beckurts	16/7. 03	V.
3018	Otto	Penndorf	Altenburg (S.-A.)	Ap.		16/7. 03	
3019	Ludwig	Leefhelm	Bremen	Ap.		16./7. 03	
W.-S. 03/04							
3020	Otto	Steinmann	Braunschweig	Ap.		5/12. 03	
3021	Otto	Lüning	Lüneburg	Ap.		5./12. 03	
3022	Herm.	Brandt	Berlin	Ap.		5/12. 03	
3023	Paul	Berg	Stralsund	Ap.		15/3. 04	
3024	Paul	Lawaczeck	Ottweiler	Ap.		15./3. 04	
3025	Wilhelm	Tilenius	Hagen	Ap.		15./3. 04	

Chemisches Universitäts-Laboratorium Breslau.

Aufgedruckte No. der Zeugniskarte	Vorname	Zuname	Geburtsort	Vorbildung	Examinatoren	Datum der Ausfertigung	Art der Prüfung
S.-S. 03							
3195	Bruno	Schulz	Röscel (Ostpr.)	G. Ab.	Ladenburg	28./4. 03	
3198	Robert	Denison	Shipley b. Leeds	B. S.		25./5. 03	
3199	Richard	Mertsching	Hoyerswerda (Oberlausitz)	O.-R.-Sch. Ab.		29./5. 03	
3911	William	Mc. Lauchlan	Chicago	B. S.		20./6. 03	
3188	Paul	Müller	Krichen b. Breslau	G. Ab.		4./7. 03	
3912	Wilfred	Balcom	Boston	B. S.		13./7. 03	
3194	Friedr.	Bauer	Breslau	R.-Sch. IIa		14./7. 03	
3164	Hans	Schäfer	Breslau	G. Ab.		16/7. 03	
3191	Fritz	Kipke	Breslau	R.-G. Ab.		21./7. 03	
3913	Martin	Tilgner	Kreuzburg (O.-Schl.)	O.-R.-Sch. IIa		30./7. 03	
W.-S. 03/04							
3914	Erich	Düring	Breslau	R.-G. Ab.		20./10. 03	
3200	Herm.	Matschke	Breslau	R.-G. Ab.		26./10. 03	
2688	Walter	Becker	Posen	R.-G. Ab.	Auwers, Ladenburg	11./11 03	
3916	Max	Knoch	Sibyllenort	R.-G. Ab.	Ladenburg	14./12 03	
3917	Herbert	Fischer	Breslau	R.-G. Ab.		3/3. 03	
3918	David	Brzeziner	Oderberg	Gew.-Ak Ab.		4/3. 03	
3919	Erich	Propp	Breslau	O.-R.-Sch. IIb		17./12. 03	
3193	Erich	Mandel	Saarau	G. IIa		18./12. 03	
3915	Ernst	Niemczyk	Lissek (O.-Schl.)	G. IIb		22/1. 04	
3920	Moritz	Kirschner	Brünn	O.-R.-Sch. Ab.		20/2. 04	
3921	Leo	Fischl	Wien	G. Ab.		20./2. 04	
3197	Paul	Engler	Breslau	R.-G. Ab.		4./3. 04	
3923	Kurt	Dittrich	Nicolai (O.-Schl.)	O.-R.-Sch. Ib		5./3. 04	
3924	Georg	Muhs	Tondern	R.-G. Ab.		5./3. 04	
3165	Herm.	Freund	Breslau	G. Ab.		5./3. 04	
3925	Isidor	Silbiger	Bilitz (Öst.-Schl.)	R.-G. IIb		7./3 04	
3926	Arthur	Mittmann	Breslau	R.-G. IIb		7./3. 04	

Pharmazeutisches Institut der Universität Breslau.

Aufgedruckte No. der Zeugniskarte	Vorname	Zuname	Geburtsort	Vorbildung	Examinatoren	Datum der Ausfertigung	Art der Prüfung
S.-S. 03							
771	Max	Bartsch	Reichenbach (Schles.)	R.-G. IIa	Gadamer	29./9. 03	
W.-S 03/04							
772	Ernst	Strassmann	Bunzlau	G. IIa	Gadamer	29./2. 04	
773	Alfred	Keil	Breslau	G. IIa	Gadamer	7./3. 04	

Landw. technol. Institut der Königl. Universität Breslau.

S.-S. 03							
1376	Kurt	Gassmeyer	Ohlau	IIa	F. B Ahrens	4./5. 03	V.
1377	Adolf	Stapler	Tarnowitz (O.-Schl.)	Öster. Staats-Gew.-Sch. abs.	Ladenburg F. B. Ahrens	30./7. 03	V.
1378	Otto	Büchler	Breslau	G. IIa	F. B. Ahrens	31./7. 03	V.
W.-S. 03/04							
1379	Georg	Schmidt	Harta, Kr. Frankenstein (Schl.)	G. I	F. B. Ahrens	24./2. 04	V.
4271	Georg	Pohl	Groß-Strehlitz (O.-Schl.)	G. IIa	F. B. Ahrens	7./3. 04	V.
4272	Konrad	Friedländer	Kentschkau b. Breslau	G. Ab.	F. B. Ahrens	7./3. 04	V.

Chemisches Institut der Technischen Hochschule Darmstadt.

S.-S. 03							
2716	Ludwig	Göbel	Darmstadt	G. IIa	Dr. W. Staedel	20./7. 03	V.
2717	August	Kieser	Bockenheim b. Frankf. a. M.	G. Ab.	Dr. W. Staedel	24./7. 03	V.
S.-S. 04							
2718	Adolf	Weygandt	Stuttgart	Ap.	Dr. W. Staedel	14./4. 04	V.

Anorganisches Laboratorium und Organisch-chemisches Laboratorium der Technischen Hochschule Dresden.

S.-S. 03							
3497	Felix	Ebert	Dresden	R.-G. Ab.	Hempel E. v. Meyer	21./4. 03	D.
3498	Camillo	Irmscher	Glaubitz (Sa.)	R.-G. Ab.	Hempel E. v. Meyer	21./4. 03	D.
3499	Fritz	Lohse	Dresden	R.-G. Ab.	Hempel E. v. Meyer	21./4. 03	D.
3500	Paul	Mehrtens	Kottbus	Preuß. Fähnrichs-Ex.	Hempel E. v. Meyer	22./4. 03	D.
4441	Otto	Meye	Mötzlich (Pr.)	O.-R.-Sch. Ab.	Hempel E. v. Meyer	22./4. 03	D.
4442	Paul	Pfnister	Goßdorf (Sa.)	R.-G. Ab.	Hempel E. v. Meyer	22./4. 03	D.
4443	Hans	Wicht	Klösterlein (Sa.)	R.-G. Ab.	Hempel E. v. Meyer	22./4. 03	D.

Anorganisches Laboratorium und Organisch-chemisches Laboratorium der Technischen Hochschule Dresden. Fortsetzung.

Aufgedruckte No. der Zeugniskarte	Vorname	Zuname	Geburtsort	Vorbildung	Examinatoren	Datum der Ausfertigung	Art der Prüfung
W.-S. 03/04							
4444	**Richard**	**Adam**	Chemnitz	Gew.-Ak. abs.		18./10 03	D.
4445	**André**	**Grolée**	Vienne (Frankr.)	Franz. Dipl.		18./10. 03	D.
4446	**Karl**	**Reichardt**	Döhlen b. Dresd.	G. Ab.		18./10. 03	D.
4447	**Kurt**	**Starke**	Dresden	G. Ab.		18./10. 03	D.
4448	**Ernst**	**v. Stackelberg**	Lassinorm (Rußland)	R.-Sch. Riga Erg.-Kl.		19./10. 03	D.
4449	**Paul**	**Verbeck**	Penkaron (Niederlande)	H. R.-Sch. Ab. (Lutphong)	Hempel E. v. Meyer	19./10. 03	D.
4450	**Kurt**	**Würzner**	Johanngeorgenstadt	G. Ab.		19./10. 03	D.
4451	**Oskar**	**Meister**	Chemnitz	G. Ab.		19./10. 03	D.
4452	**Alfred**	**Scheller**	Bukarest	Lyc. Bukarest Ab.		14./12. 03	D.
3494	**Arno**	**Köckritz**	Groß-Cotta (Sa.)	R.-G. Ab.		11./3. 04	V.
3495[1]	**Harry**	**Nieske**	Dresden	G. IIb		11./3. 04	V.

Chemisches Laboratorium der Universität Erlangen.

Aufgedruckte No. der Zeugniskarte	Vorname	Zuname	Geburtsort	Vorbildung	Examinatoren	Datum der Ausfertigung	Art der Prüfung
S.-S. 03							
3343	**Otto**	**Veiel**	Linz (Österr.)	Ap. (I)	O. Fischer	2./5. 03	
3266	**Alfred**	**Kühn**	Köln a. Rh.	G. Ib	Curtius, O. Fischer	2./5. 03	
3344	**Gustav**	**Hofmeier**	Nürnberg	G. Ab.	O. Fischer	12./6. 03	
W.-S. 03/04							
3345	**Wilhelm**	**Ludewig**	Sondershausen	R.-G. Ab.		13./11 03	
3346	**Eduard**	**Meussdörffer**	Kulmbach	R.-G. Ab.		13./11. 03	
3347	**Gustav**	**Mehrtens**	Bremerhaven	Ap. (I)		20./11. 03	
3348	**Fritz**	**Limmer**	Kulmbach	O.-R.-Sch. Ab.	O. Fischer	20./11. 03	
3349	**Gustav**	**Opfermann**	Mainz	G. Ab.		12./12. 03	
3350	**Karl**	**Ruppenthal**	Ludwigshafen a. Rh.	Ap. (I)		22./1. 04	
4231	**Johs.**	**Reinhardt**	Baiersdorf (Bay.)	G. Ib		4./3. 04	

Pharmazeut.-chemisches Institut der Universität Erlangen.

Aufgedruckte No. der Zeugniskarte	Vorname	Zuname	Geburtsort	Vorbildung	Examinatoren	Datum der Ausfertigung	Art der Prüfung
W.-S. 03/04							
3616	**Alfred**	**Freymuth**	Labiau (Ostpr.)	Ap. (I)	C. Paal	15./12. 03	V.

---

[1]) No. 3496 ist dem im V. Bericht aufgeführten Kandidat A. Keßler als Ersatz für das frühere Zeugnis (No. 3476), welches verloren gegangen ist, ausgestellt worden.

Chemisches Laboratorium der Universität Freiburg i. B. (mediz. Abt.).

Aufgedruckte No. der Zeugniskarte	Vorname	Zuname	Geburtsort	Vorbildung	Examinatoren	Datum der Ausfertigung	Art der Prüfung
S.-S. 03							
3637	**Karl**	**Pretzell**	Bassenheim	G.	Kiliani	7./5. 03	
3638	**Alfred**	**Kamnitzer**	Lyck	Ap.		11./7. 03	
3639	**Gustav**	**Stein**	Werro	G.		1./8. 03	
W.-S. 03/04							
3640	**Felix**	**Nath**	Wiesbaden	G. IIa		23./2. 04	
3641	**Wilhelm**	**Theopold**	Lemgo	Ap.		23./2. 04	

Chemisches Laboratorium der Universität Freiburg i. B. (philosoph. Abt.).

Aufgedruckte No. der Zeugniskarte	Vorname	Zuname	Geburtsort	Vorbildung	Examinatoren	Datum der Ausfertigung	Art der Prüfung
S.-S. 03							
2298	**Ernst**	**Weil**	Karlsruhe	G. abs.	Gattermann	5./5. 03	V.
3579	**Kurt**	**Schneider**	Hausdorf	R.-G. IIa		23./7. 03	V.
3575	**Arthur**	**v. Meer-scheidt-Hüllessem**	Hasenpoth	G. abs.		30./7. 03	V.
3578	**Jakob**	**Schweisthal**	Trier	R.-G. abs.		30./7. 03	V.
3581	**Gottlieb**	**Dämisch**	Siegburg	O.-R.-Sch. Ab.		30./7. 03	V.
W.-S. 03/04							
2297	**Hans**	**Klotzsch**	Schönlanke	Ap. (I)		16./11. 03	V.
3584	**Erhard**	**Witte**	Berlin	G. abs.		1./12. 03	V.
4213	**Ludwig**	**Aars**	Christiania	G. abs.		7./12. 03	V.
4215	**Gustav**	**Greve**	Lingen	R.-G. abs.		7./12. 03	V.
3583	**Paul**	**Hörmann**	Kirchberg	G. abs.		11./12. 03	V.
3586	**Paul**	**Pott**	Wien	G. abs.		17./12. 03	V.
3572	**Gustav**	**Hall**	Steinbach	O.-R.-Sch. Ib		13./1. 04	V.
3587	**Wilhelm**	**Vonnegut**	Münster (Westf.)	O.-R.-Sch. Ia		19./1. 04	V.
3588	**Karl**	**Müller**	Messkirch	G. abs.		19./1. 04	V
3590	**Gustav**	**Wichern**	Hamburg	G. abs.		25./1. 04	V.
4219	**Gordon**	**Monier-Williams**	Brighton	B. A. von Oxford-Univ.		28./1. 04	V.
4211	**Walter**	**Nägeli**	München	R.-G. abs.		4./2. 04	V
3585	**Karl**	**Genschow**	Remplin	G. Ib		18./2. 04	V.
3576	**Herbert**	**Hartmann**	Heidenheim	O.-R.-Sch. abs.		2./3. 04	V.

Chemisches Universitätslaboratorium Gießen.

Aufgedruckte No. der Zeugniskarte	Vorname	Zuname	Geburtsort	Vorbildung	Examinatoren	Datum der Ausfertigung	Art der Prüfung
S.-S. 03							
2904	**Josef**	**Omsels**	Krefeld	Ap.	Alex. Naumann	26./5. 03	V.
2908	**Adolf**	**Rücker**	Altenkirchen	R.-G. Ab.		22./7. 03	V.
2906	**Walter**	**Freund**	Lübeck	R.-G. Ab.		3./8. 03	V.
2909	**Max**	**Throm**	Gießen	R.-G. Ab.		13./8. 03	V.

Chemisches Universitätslaboratorium Gießen. Fortsetzung.

Aufgedruckte No. der Zeugniskarte	Vorname	Zuname	Geburtsort	Vorbildung	Examinatoren	Datum der Ausfertigung	Art der Prüfung
W.-S. 03/04							
2905	Karl	Haubach	Gießen	R.-G. Ab.		19./10. 03	V.
2911	Karl	Naumann	Gießen	G. Ab.		27./10. 03	V.
2907	Max	Hamers	Krefeld	R.-G. Ab.	Alex. Naumann	30./11. 03	V.
2912	Hans	Steiner	Schwanheim	G. Ab.		15./2. 04	V.
2914	Adam	Dörr	Habitzheim	R.-G. Ab.		4./3. 04	V.
2915	Fritz	Hill	Hachenburg	Ap.		9./3. 04	V.

Physikalisch-chemisches Laboratorium der Universität Gießen.

Aufgedruckte No. der Zeugniskarte	Vorname	Zuname	Geburtsort	Vorbildung	Examinatoren	Datum der Ausfertigung	Art der Prüfung
S.-S. 03							
2754	Heinrich	Orbig	Gießen	R.-G. Ab.		22./5. 03	V.
2774	Eugen	Hesselmann	Crajova	G. Ab.		3./7. 03	V.
3509	Fritz	Ransohoff	Kassel	G. Ab.		17./7. 03	V.
2775	Herm.	Wiederhold	Gießen	G. Ib		1./8. 03	V.
W.-S. 03/04							
2760	Lawrence	Bradshaw	Southport	The Cowley Grammar Sch. Ab.	Elbs	4./1. 04	V.
2763	Bruno	La Croix v. Langenheim	Budapest	B. S., M. S. R.-G. abs.		4./1. 04	V.
2756	Friedr.	Mette	Gießen	R.-G. Ab.		19./1. 04	V.

Allgemeines Chemisches Universitäts-Laboratorium Göttingen.

Aufgedruckte No. der Zeugniskarte	Vorname	Zuname	Geburtsort	Vorbildung	Examinatoren	Datum der Ausfertigung	Art der Prüfung
S.-S. 03							
2799	Arthur	Bieber	Hamburg	O.-R.-Sch. Ab.	Engler Wallach	22./5. 03	
3095	Gustav	Kayser	Köln a. Rh.	G. Ab.		22./5. 03	
3096	Donald	Smith	Helena (Montana)	Bacc. Williamstown		22./5. 03	
3098	Ernst	Wilke-Dörfurt	Danzig	R.-G. Ab.		17./7. 03	
3099	Kurt	Utescher	Freiburg (Schles.)	R.-G. Ab.	Wallach	17./7. 03	
W.-S. 03/04							
3100	Johs.	Altenburg	Bielefeld	R.-G. Ab.		27./10. 03	
3892	Albert	Fels	Leipzig	R.-G. Ab.		27./10. 03	
3893	Arnold	Heyde	Tempelhof	G. Ab.		27./10. 03	
3255	Willy	Gahl	Berlin	R.-G. Ab.	Curtius Wallach	21./1. 04	
3895	Waldem.	Uhl	Osterode (Harz)	G. Ab.		21./1. 04	
3896	Leopold	Hesse	Magdeburg	G. Ab.		21./1. 04	
3897	Eduard	Isaac	Köln a. Rh.	G. Ab.	Wallach	17./2. 04	
3898	Irwing	Langmeier	New-York	Columbia Univ. Coll.		29./2. 04	
3899	Karl	Jellinek	Wien	G. Ab.		29./2. 04	

Institut für physikalische Chemie der Universität Göttingen.

Aufgedruckte No. der Zeugniskarte	Vorname	Zuname	Geburtsort	Vorbildung	Examinatoren	Datum der Ausfertigung	Art der Prüfung
W.-S. 03/04							
805	Edm. S.	Merriam	Hartford (Con.)	Trinity Coll. Hartfort	Nernst	18./2. 04	

Agricultur-chemisches Laboratorium der Universität Göttingen.

Aufgedruckte No. der Zeugniskarte	Vorname	Zuname	Geburtsort	Vorbildung	Examinatoren	Datum der Ausfertigung	Art der Prüfung
W.-S. 02/03							
1587	William	Goodwin	Macclesfield (Engl.)	King Edward VI School M.	B. Tollens	20./11. 02	V.
W.-S. 03/04							
1588	August D.	Maurenbrecher	Batavia (Java)	Polytechnik. in Delft	B. Tollens	17./12. 03	V.
1589	Axel	Ulander	Piteå (Schweden)	R.-G. in Luleå	B. Tollens	4./12. 03	V.

Chemisches Institut der Universität Greifswald.

Aufgedruckte No. der Zeugniskarte	Vorname	Zuname	Geburtsort	Vorbildung	Examinatoren	Datum der Ausfertigung	Art der Prüfung
S.-S. 03							
719	Karl	Roever	Clettenburg	G. Ab.	K. Auwers	20./7. 03	V.
2689	Julius	Lessel	Bukarest	R.-G. Ab.	K. Auwers	30./7. 03	V.
W.-S. 03/04							
718	Wilhelm	Möller	Dargelin	Landw.-Sch.	K. Auwers	21./11. 03	V.
2690	Peter	Pawlicki	Lussewo	G. Ab.	K. Auwers	12./1. 04	V.
720	Erich	Rietz	Greifswald	G. Ab.	K. Auwers	2./2. 04	V.

Chemisches Institut der Universität Halle a. S.

Aufgedruckte No. der Zeugniskarte	Vorname	Zuname	Geburtsort	Vorbildung	Examinatoren	Datum der Ausfertigung	Art der Prüfung
S.-S. 03							
3392	Daniel	Malherbe	Malmesbury (Capland)	—	Volhard	23./4. 03	V.
3393	Karl	Reidemeister	Frankfurt a. M.	R.-G.	Volhard	26./5. 03	V.
3394	Ludwig	Segelitz	Bützow (Mecklb.)	R.-G.	Volhard	26./5. 03	V.
W.-S. 03/04							
3395	Otto	Rolle	Halle a. S.	R.-G.	Volhard	27./10. 03	V.
3396	Fritz	Sponnagel	Sitow (Rußland)	R.-G.	Volhard	9./11. 03	V.
3397	K. Gust.	Müller	Hermannsburg (Natal)	B. A.	Volhard	9./11. 03	V.
3398	Ernst	John	Halle a. S.	O.-R.-Sch.	Volhard	24./11. 03	V.
3399	Gustav Adolf	Meyer	Hannover	G.	Volhard	27./11. 03	V.

Technische Hochschule Hannover. Laboratorium für Anorganische Chemie.

Aufgedruckte No. der Zeugniskarte	Vorname	Zuname	Geburtsort	Vorbildung	Examinatoren	Datum der Ausfertigung	Art der Prüfung
W.-S. 03/04							
2673	Kurt	Doering	Liegnitz	G. IIb	Seubert	9./12. 03	V.

Universitäts-Laboratorium Heidelberg.

S.-S. 03							
1168	Karl	Stephan	Heidelberg	O.-R.-Sch.	Curtius	2./6. 03	V.
3247	Oskar	Samel	Teplitz	Österr. R.-G.	Curtius	2./6. 03	V.
3229	Karl	Gieser	Mannheim	G.	Curtius	14./7. 03	V.
3262	Fritz	Gegner	Uehlfeld (Bay.)	G. Ib	Curtius	30./7. 03	V.
W.-S. 03/04							
2090	Julius	Lembert	Augsburg	R.-G.	Curtius	2./12. 03	V.
3265	Don	Dyer	Chicago	Militär-Ak.	Curtius	7./12 03	V.
1191	Kurt	Abel	Berlin	G.	Curtius	7./12. 03	V.
3250	Kurt	Hofmann	Heidelberg	G.	Curtius	12./1. 04	V.
3261	Alexander	von Danilewsky	St. Petersburg	Russ. R.-Sch.	Curtius	12./1. 04	V.
3251	Friedr.	Teltscher	Wien	Öster. R.-Sch.	Curtius	9./2 04	V.
3258	Friedr.	Zimmermann	Ludwigshafen a. Rh.	R.-G.	Curtius	17./2 04	V.
3257	Richard	Gross	Weizenrodau	G.	Curtius	24./2. 04	V.

Laboratorium des Prof. F. Krafft in Heidelberg.

S.-S. 03							
3414	Ernst	Pfeffer	Frankfurt a. M.	O.-R.-Sch. Ab.	F. Krafft	24./4. 03	
3415	Gustav	Köhler	Heidenheim a. B.	O.-R.-Sch. Ab.	F. Krafft	28./7. 03	
W.-S. 03/04							
3563	Ida	Heller	Wilna	G.	Landolt F. Krafft	16./11. 03	
3416	Richard	Hartmuth	Bitsch	G. Ib	F. Krafft	4./3. 04	

Universitäts-Laboratorium Jena.

S.-S. 03							
2223	Hugo	Menz	Jena	G. IIa	Knorr	3./8. 03	V.
2224	Kurt	Fox	Wenigenjena	G. Ab.	Knorr	4./8. 03	V.
2225	Richard	Greulich	Bautzen	Ref.-G. Ab.	Knorr	4./8. 03	V.
2226	Rudolf	Zeine	Jena	G. Ab.	Knorr	4./8. 03	V.

Universitäts-Laboratorium Jena. Fortsetzung.

Aufgedruckte No. der Zeugniskarte	Vorname	Zuname	Geburtsort	Vorbildung	Examinatoren	Datum der Ausfertigung	Art der Prüfung
W.-S. 03/04							
2227	Wilhelm	Schreiner	Weimar	R.-G. Ab.	Knorr	30./11. 03	V.
2229	David	Spence	Aberdeenshire	Univ. College Glasgow	Knorr	2./2. 04	V.
3979	Georg	Ponndorf	Magdeburg	R.-G. Ab.	Guthzeit, Knorr	26./2. 04	V.
2230	Wilhelm	Schneider	Erfurt	R.-G. Ab.	Knorr	21./3. 04	V.

Chemisches Institut der Technischen Hochschule Karlsruhe.

Aufgedruckte No. der Zeugniskarte	Vorname	Zuname	Geburtsort	Vorbildung	Examinatoren	Datum der Ausfertigung	Art der Prüfung
W.-S. 02/03							
3696	Wladisls.	Poplawsky	Mircze (Rußland)	G. Ab.	Engler	16./2. 03	D.
S.-S. 03							
2794	Adolf	Spengel	Frankfurt a. M.	Höh.Ind.-Sch. (8 J.)	Engler	30./4. 03	V.
4111	Max	Paschasius	Dessau	G. IIa	Engler	26./5. 03	D.
4113	Peter	Hasenclever	Barmen	Tech.Gew.- u. Färb.-Sch.	Engler	16./7. 03	D.
3690	Fdr. Aug.	Weber	Duisburg	R.-G. Ab.	Engler	23./7. 03	V.
3692	Franz	Lenze	Düren	G. Einj.	Engler	24./7. 03	D.
3694	Rudolf	Strohbach	Zeidler (Böhmen)	Staats-Gew.-Sch.	Engler	24./7. 03	D.
3693	Philipp	Gemmer	Essen	R.-Sch. Einj.	Engler	24./7. 03	D.
3691	Woldem.	Allner	Dessau	R.-G. Ab.	Engler	24./7. 03	D.
3695	Oskar	Goffin	Linden	R.-G. Ab.	Engler	31./7. 03	D.
W.-S. 03/04							
4117	Fritz	Eberle	Karlsruhe	O.-R.-Sch.Ab.	Engler	26./11. 03	D.
4114	Arnold	v. Dieterich	Heydeckenshof (Rußland)	R.-Sch.	Engler	3./12. 03	D.
4119	Theophil	Ginsberg	Sosnowice (Rßl.)	G. (7 Kl.)	Engler	8./12. 03	D.
4115	Herm.	Schwenke	Kalbe	G. Einj.	Engler	16./12. 03	D.
4102	Lukas	Jotzoff	Wratza	R.-G. Ab.	Engler	19./12. 03	V.
2791	Georges	Rasetti	Paris	Ap.	Engler	8./2. 04	V.
4120	Jakob	Manns	Bammbach	G. Ab.	Engler	16./2. 04	D.
4116	Theodor	Limberg	Herford	Technik.Einj.	Engler	3./3. 04	D.
4118	Rudolf	Michel	Olmütz	Staats-Gew.-Sch.	Engler	16./3. 04	D.
4104	Josef	Turner	Odessa	H. Hand.-Sch.	Engler	11./3. 03	D.
4105	Wilhelm	Steinkopf	Staßfurt	G. Ab.	Engler	14./3. 04	V.

Universitäts-Laboratorium Kiel.

Aufgedruckte No. der Zeugniskarte	Vorname	Zuname	Geburtsort	Vorbildung	Examinatoren	Datum der Ausfertigung	Art der Prüfung
S.-S 03							
2300	Christof	Oesterlin	Altona	R.-Sch. (8 Kl.) Ab.	Gattermann Claisen	13./6. 03	
3785	Paul	Horrmann	Berlin	R.-G. IIb	Claisen	31./7. 03	
3786	Oskar	Müller	Bromberg (Pos.)	R.-G. IIb	Claisen	3./8. 03	
W.-S. 03/04							
3783	Rudolf	Schulze	Ostharingen (Braunschwg.)	G. IIa	Claisen	9./11. 03	
3790	Herm.	Krützfeldt	Ellerbeck b. Kiel	O.-R.-Sch. Ab.	Claisen	27./2. 04	
3788	Richard	Gärtner	Hamburg	R.-G. Ab.	Claisen	7./3. 04	

Chemisches Laboratorium der Universität Königsberg.

Aufgedruckte No. der Zeugniskarte	Vorname	Zuname	Geburtsort	Vorbildung	Examinatoren	Datum der Ausfertigung	Art der Prüfung
S.-S. 03							
2866	Botho	Mulert	Canditten (Ostpr.)	G. Ab.	Lossen	27./7. 03	V.
2868	Woldem.	Gruhl	Königsberg (Pr.)	G. Ab.	Lossen	28./7. 03	V.
2869	Paul	Salecker	Königsberg (Pr.)	G. Ab.	Lossen	28./7. 03	V.

Chemisches Laboratorium der Universität Leipzig.

Aufgedruckte No. der Zeugniskarte	Vorname	Zuname	Geburtsort	Vorbildung	Examinatoren	Datum der Ausfertigung	Art der Prüfung
S.-S. 03							
3745	Walter	Würkner	Leipzig	Gew.-Ak. Chemnitz abs.	i. V.: Rassow	27./4. 03	
3746	Hans	Brückner	Eisenach	R.-G. abs.	i. V.: Stobbe	28./5. 03	
3747	Rudolf	Hennicke	Annaberg	R.-G. abs.	i. V.: Stobbe	28./5. 03	
3748	Walther	Hoffmann	Bremen	O.-R.-Sch. abs.	i. V.: Rassow	3./7. 03	
3749	Robert	Georgi	Leipzig	G. abs.	i. V.: Stobbe	3./7. 03	
3743	Oskar	Denstorff	Lichte (Schwzb.)	G. abs.	i. V.: Rassow	17./7. 03	
3750	Walter	Schäfer	Dresden	G. abs.	i. V.: Rassow	17./7. 03	
3971	Theodor	Badenhausen	Kassel	R.-G. abs.	i. V.: Stobbe	21./7. 03	
3972	Thilo	Schmidt	Remda b. Rudolstadt	R.-G. abs.	i. V.: Stobbe	21./7. 03	
3973	Johs.	Luja	Grimma	Gew.-Ak. abs.	i. V.: Rassow	23./7. 03	
3975	Hans	Schlegel	Niederroßla (S.-Weimar)	R.-Sch. IIb	i. V.: Rassow	30./7. 03	
3976	Franz	Rabe	Neuhaldensleben b. Magdeburg	G. abs.	i. V.: Stobbe	3./8. 03	
3977	Hans	Gutmann	Schönlinde (Böhmen)	R.-G. abs.	i. V.: Stobbe	3./8. 03	

Chemisches Laboratorium der Universität Leipzig. Fortsetzung.

Aufgedruckte No der Zeugniskarte	Vorname	Zuname	Geburtsort	Vorbildung	Examinatoren	Datum der Ausfertigung	Art der Prüfung
W.-S. 03/04							
3978	Kentworthy J.	Thompson	Oakengates (Engl.)	CleoburyMortimer Sch. (Engl.)	Hantzsch	10./11. 03	
3980	Richard	Jonas	Brüssel	R.-G. abs.	Hantzsch	20./11. 03	
3981	Otto	Erler	Leipzig	R.-G. abs.	Hantzsch	15./12. 03	
3982	Friedr.	Thomas	Sörnewitz b. Oschatz	G. abs.	Hantzsch	23./1. 04	
3983	Georg	Wiegner	Leipzig	R.-G. abs.	Hantzsch	1./2. 04	
3984	Bogdan	Krsnaja	Agram	R.-G. abs.	Hantzsch	3./2. 04	
3985	Nicolaus	v. Peskoff	Moskau	G. abs.	Hantzsch	18./2. 04	
3986	Max	Vogel	Thiengen b. Waldshut	R.-G. abs.	Hantzsch	25./2. 04	

Physik.-chem. Institut der Universität Leipzig.

Aufgedruckte No der Zeugniskarte	Vorname	Zuname	Geburtsort	Vorbildung	Examinatoren	Datum der Ausfertigung	Art der Prüfung
S.-S. 03							
2843	Otto	Ewald	Braunschweig	R.-Sch. abs.	Ostwald	28./7. 03	V.
W.-S. 03/04							
4191	Viktor	Sammet	Boston	B. S.	Ostwald	12./1. 04	V.
4192	Herbert	Sill	Geneseo	M. S.	Ostwald	12./1. 04	V.
4193	Andreas	Mühlenberg	Reinstedt	G. IIa	Ostwald	15./1. 04	V.
2941	Kurt	Schröter	Plagwitz	R.-Sch.	Ostwald	28./1. 04	V.

Laboratorium für angewandte Chemie der Universität Leipzig.

Aufgedruckte No der Zeugniskarte	Vorname	Zuname	Geburtsort	Vorbildung	Examinatoren	Datum der Ausfertigung	Art der Prüfung
S.-S. 03							
3833	Paul	Winkler	Gera	Priv.-R.-Sch. Einj.	E. Beckmann	28./4. 03	V.
3835	Wilhelm	Wortmann	Gießen	G. Ab.	E. Beckmann	9./7. 03	V.
3837	Peter	Geib	Aussig (Böhmen)	G. Ab.	E. Beckmann	10./7. 03	V.
2887	Eduard	Peiffer	Dortmund	R.-Sch. Einj.	E. Beckmann	22./7. 03	V.
3840	Paul	Eisenkolbe	Leipzig	Pr.-Sch. Einj.	E. Beckmann	24./7. 03	V.
3841	Theodor	Lobenstein	Hannov.-Münden	R.-G. Ab.	E. Beckmann	24./7. 03	V.
W.-S. 03/04							
3839	Ernst	Kellerhoff	Iserlohn	R.-G. Ab.	E. Beckmann	6./11. 03	V.
4281	Karl	Kessler	Stade	R.-Prog. Einj.	E. Beckmann	4./11. 03	V.
3838	Franz	Lucius	Oberwartha b. Dresden	G. Ab.	E. Beckmann	3./3. 04	V.

Chem. Laboratorium des physiologischen Institutes der Universität Leipzig.

Aufgedruckte No. der Zeugniskarte	Vorname	Zuname	Geburtsort	Vorbildung	Examinatoren	Datum der Ausfertigung	Art der Prüfung
S.-S. 03							
2391	Chain	Buslik	Klewan (Rußl.)	Russ. G. Ab.	M. Siegfried	13./5. 03	V.
2392	Hubert	Geide	Hemmersdorf (Schles.)	G. IIa	M. Siegfried	23./5. 03	V.
2393	Johs.	Wannske	Maraveram (brit. Ostind.)	Deutsches G. abs.	M. Siegfried	8./7. 03	V.
2394	Oskar	Pilz	Buchholz (Sa.)	R.-G. abs.	M. Siegfried	7./8. 03	V.
W.-S. 03/04							
2395	Hugo	Kirbach	Desterro (Brasil.)	G. Matur.	M. Siegfried	13./11. 03	V.
2396	Rudolf	Adler	Karlsbad	Österr. Höh. Staats-Gew.-Sch. abs.	M. Siegfried	5./12. 03	V.

Chemisches Institut der Universität Marburg.

Aufgedruckte No. der Zeugniskarte	Vorname	Zuname	Geburtsort	Vorbildung	Examinatoren	Datum der Ausfertigung	Art der Prüfung
S.-S. 03							
3296	Adolf	Frankfurth	Duisburg	G. Ab.	Zincke	20./4. 03	
3297	Jakob	Kohlhaas	Kassel	O.-R.-Sch. Ab.	Zincke	20./4. 03	
3298	Eduard	Schloemann	Höxter	G. Ab.	Zincke	20./4. 03	
3299	Wilhelm	Heller	Wiesbaden	O.-R.-Sch. Ab.	Zincke	20./4. 03	
3295	Emil	Hübner	Wiebelskirchen	G. Ab.	Zincke	12./5. 03	
1094	Karl	Kann	Meiningen	R.-G. Ab.	Zincke	23./7. 03	
3300	Ernst	Niemeyer	Marburg	O.-R.-Sch. IIb	Zincke	23./7. 03	
3853	Richard	Riken	Hamburg	O.-R.-Sch. Ab.	Zincke	29./7. 03	
3854	Franz	Schwabe	Krefeld	R.-G. Ab.	Zincke	29./7. 03	
W.-S. 03/04							
3852	Ernst	Scharff	Diekirchen	G. Ab.	Zincke	15./1. 04	
1095	Konrad	v. Hohorst	Halle a. S.	G. Ab.	Zincke	22./2. 04	
3851	Wilhelm	Glahn	Witzenhausen	R.-G. Ab.	Zincke	29./2. 04	
3855	Friedr.	Schreyer	Marburg	O.-R.-Sch. Ab.	Zincke	29./2. 04	
1093	Arnold	Moré	Berlin	R.-G. Ab.	Zincke	15./1. 04	
966	Ernst	Wugk	Elberfeld	R.-G Ab.	Zincke	22./2 04	

Pharmazeut.-chem. Institut der Universität Marburg.

Aufgedruckte No. der Zeugniskarte	Vorname	Zuname	Geburtsort	Vorbildung	Examinatoren	Datum der Ausfertigung	Art der Prüfung
S.-S. 03							
3724	Adolf	Kircher	Kassel	Ap. (I)	E. Schmidt	28./4. 03	
3725	Gustav	Overhof	Wanne	G.	E. Schmidt	31./7. 03	
3726	Ludwig	Groeneveld	Bunderhammerich	G. Ap. (II)	E. Schmidt	3./8. 03	
3727	Herm.	Niendorf	Berlin	Ap. (III)	E. Schmidt	3./8. 03	
W.-S. 03/04							
3728	Wilhelm	Rappe	Kiel	Ap. (I)	E. Schmidt	7./3. 04	

Chemisches Laboratorium des Staates in München.

Aufgedruckte No der Zeugniskarte	Vorname	Zuname	Geburtsort	Vorbildung	Examinatoren	Datum der Ausfertigung	Art der Prüfung
S.-S. 03							
3065	Ferd.	Hocheder	München	G. abs.		27./4. 03	
3066	Emil	Seiler	Nürnberg	R.-G. abs.		29./4. 03	
3067	Josef	Wecker	Burgheim	Ap.		30./4. 03	
3068	Paul	Roth	Wien	R.-G. abs.		5./5. 03	
3069	Leopold	Semper	Hannover	G. abs.		6./5. 03	
3070	Walter	Schwerdt	Salzungen	G. abs.		15./5. 03	
3071	Heinrich	König	Malstatt	O.-R.-Sch.abs.		15./5. 03	
3072	Heinrich	Feigel	Ansbach	Ap.		20./5. 03	
3073	Eugen	Zucker	Nürnberg	G. abs.		20./5. 03	
3074	Max	Benz	Ludwigsburg	Ap.		22./5. 03	
3075	Alex.	Hamburger	München	G. abs.		3./6. 03	
4002	Julius	Neres- heimer	Starnberg	G. abs.		8./6. 03	
4003	Heinrich	v. Diesbach	Freiburg (Schweiz)	G. abs.		18./6. 03	
4004	Herm.	Kantoro- wicz	Posen	G. abs.		5./7. 03	
4005	Oskar	Burger	Kempten	G. abs.		14./7. 03	
4006	Bertram	Wolf	Frankfurt a. M.	O.-R.-Sch.abs.		21./7. 03	
4007	Paul	Hönnicke	Goslar	R.-G. abs.	v. Baeyer	21./7. 03	V.
4008	Hugo	Bauer	Frankfurt a. M.	G. abs.		24./7. 03	
4009	Wilhelm	Kloster- mann	Vegesack	R.-G. abs.		24./7. 03	
W.-S. 03/04							
4010	Stephan	Gambaroff	Tiflis	G. abs.		19./10. 03	
4011	Heinrich	Hiendl- maier	München	Ap.		23./11. 03	
4012	Arthur	Kron	Solingen	G. abs.		25./11 03	
4014	Bruno	Zaar	Berlin	R.-G. abs.		15./12. 03	
4015	Paul	Keim	Ingolstadt	G. abs.		18./12. 03	
4016	Paul	Eppinger	Ludwigsburg	Ap.		15./1. 04	
4017	Egon	Eichwald	Ruhrort	G. abs.		15./2. 04	
4018	Fritz	Marx	Königstein(Thr.)	G. abs.		15./2. 04	
4019	Richard	Feibelmann	Kandel	O.-R.-Sch.abs.			
4020	Friedr.	Leuchs	Nürnberg	G. abs.		26./2. 04	
4021	Wilhelm	Meiser	Nürnberg	G. abs.		26./2. 04	
4022	Ludwig	Beck	München	G. abs.		26./2. 04	
						10./3. 04	

Laboratorium für angewandte Chemie der Universität München.

S.-S. 03							
2096	Karl	Rath	Neuenahr	Ap. (I)		5./5. 03	
2811	Aloys	Thurmayr	München	Ap. (I)	Hilger	2./7. 03	
2812	Willem	Hesselink	Arnheim	G.		10./5. 03	

Laboratorium für angewandte Chemie der Universität München. Fortsetzung.

Aufgedruckte No der Zeugniskarte	Vorname	Zuname	Geburtsort	Vorbildung	Examinatoren	Datum der Ausfertigung	Art der Prüfung
S.-S. 03							
2813	Laurenz	Waters	Burgwaldnill	Ap. (I)	Hilger	15./5. 03	
2092	Kurt	Lequis	Köln a. Rh.	Ap. (I)		20./5. 03	
2819	Bruno	Linne	Bremen	G.		24./7. 03	
W.-S. 03/04							
4257	Kurt	Wendland	Breslau	R.-G.		7./3. 04	
2816	Alfred	Schaeffer	Braunitz	Ap (I)		9./3. 04	

Anorganisch-chemisches Laboratorium der Technischen Hochschule München.

S.-S. 03							
1888	Wilhelm	Heilbronner	Kaiserslautern	Ind.-Sch.	Muthmann	26./6. 03	
1889	Ignatz	Herold	Bamberg	Ind.-Sch.		17./7. 03	

Organisch-chemisches Laboratorium der Technischen Hochschule München.

W.-S. 03/04							
2315	Johs.	Keszler	Markneukirchen (Sa.)	R.-G.	G. Schultz	12./2. 04	
2316	Theodor	Neitzert	Bendorf b. Koblenz	*		21./3. 04	

Chemisches Institut der Universität Münster i. W.

S.-S. 03							
3656	Peter	v. der Forst	Münster	G. I.	Salkowski	5./5. 03	V.
3657	Adalbert	Schumacher	Herdringen b. Arnsberg	G. Ab.		25./6. 03	V.
3658	Bernh.	Sendhoff	Havixbeck b. Münster	G. Ab.		30./7. 03	V.
W.-S. 03/04							
3660	Friedr.	Hünseler	Frechen b. Köln	G. Ab.		11./3. 04	V.
4301	Franz	Sprinkmeyer	Münster (Westf.)	R.-G. Ab.		26./3. 04	V.
4302	Anton	Wörmann	Münster (Westf)	R.-G. Ab.		8./4. 04	V.

Chemisches Universitäts-Laboratorium Rostock.

S.-S. 03							
3720	Paul	Strassmann	Bunzlau	G. IIa	Michaelis	29./7. 03	V.
3719	Bernh.	Dirks	Heiligenstadt	G. Ib		29./7. 03	V.
3711	Wilhelm	Heyden	Hamburg	G. IIa Ap. (II)		30./7. 03	V
3709	Karl	Krug	Barmen	Ap. (II)		31./7. 03	V.
3710	Walter	Cramer	Halle a. S.	G. 1		31./7. 03	V.

Chemisches Universitäts-Laboratorium Rostock. Fortsetzung.

Aufgedruckte No. der Zeugniskarte	Vorname	Zuname	Geburtsort	Vorbildung	Examinatoren	Datum der Ausfertigung	Art der Prüfung
W.-S. 03/04							
3781	Heinrich	Möller	Halle a. S.	R.-G. IIa	Claisen, Michaelis	6./11. 03	
3712	Robert	Pander	Riga	G. I	Claisen, Michaelis	15./12. 03	
3713	Fritz	Isert	Deutz	G. I Ap. (II)	Michaelis	18./1. 04	
3714	Thomas	v. der Hagen	Berlin	G. IIa	Michaelis	22./2. 04	
3748	Fritz	Klaffehn	Berlin	G. Ib	Gabriel, Stock, Michaelis	29./2. 04	
3718	Ottokar	Martinsen	Reval	R.-G. Ab.	Michaelis	1./3. 04	
3716	Friedr.	Ziegler	Nordhausen	Ap. (II)	Michaelis	1./3. 04	

Chemisches Laboratorium der Universität Straßburg.

S.-S. 03							
3510	Albert	Szameitat	Illkirch	O.-R.-Sch.	Thiele	2./5. 03	
3511	Alex.	Plenkers	Straßburg	G.	Thiele	6./5. 03	
3512	Ludwig	Hauser	Mühlhausen (El.)	O.-R.-Sch.	Thiele	15./5. 03	
3506	Michael	Kutscherow	St. Petersburg	Russ. G.	Thiele	2./7. 03	
3513	Walter	Paul	Berlin	Ap. (I)	Thiele	16./7. 03	
3514	Karl	Muffat	Bayreuth	R.-G.	Thiele	17./7. 03	
3515	Max	Tapuach	Wilky (Rußland)	Deutsche R.-Sch. (6 Kl.)	Thiele	20./7. 03	
3516	August	Zeime	Straßburg	G.	Thiele	27./7. 03	
3517	Theodor	Simon	Straßburg	G.	Thiele	3./8. 03	
W.-S. 03/04							
3518	Paul	Wack	Straßburg	G.	Thiele	28./10. 03	
3519	Georg	Falk	New-York	Amer. Pr.-Sch.	Thiele	29./10. 03	
3520	Isaac	Forschmann	Gorki (Rußland)	Russ. Sch.	Thiele	25./2. 04	
3521	Hamilt.	Mac Combie	Aberdeen	Engl. G.	Thiele	24./11. 03	
3522	Werner	Stadlin	Zug (Schweiz)	Cantonale Ind.-Sch.	Thiele	1./3. 04	

Laboratorium für allgemeine Chemie, Technische Hochschule Stuttgart.

S.-S. 03							
2570	Max	Müller	Jüdenheim b. Zwickau	R.-G. IIa	Hell	6./7. 03	
2571	Kurt	Heuberger	Chemnitz	G. IIb	Hell	6./7. 03	
2572	Edward George	Currie	Battle Sussex (Engl.)	Kings College London	Hell	30./7. 03	
W.-S. 03/04							
2362	Philipp Leonh.	Gerhardt	Frankenthal (Pfalz)	Ind.-Sch.	Wislicenus, Hell	16./12. 03	
2573	Friedr.	Bihl	Raab (Ungarn)	R.-Sch. Ib	Hell	16./12. 03	
2577	Mario	Craveri	Mailand	G. Ab	Hell	15./3. 04	
2575	Max	Flemming	Neuß a. Rh.	G. Ib	Hell	14./3. 04	

Laboratorium für allgemeine Chemie, Techn. Hochschule Stuttgart. Fortetzung.

Aufgedruckte No. der Zeugniskarte	Vorname	Zuname	Geburtsort	Vorbildung	Examinatoren	Datum der Ausfertigung	Art der Prüfung
W.-S. 03/04							
4371	Carlos	Sassetti	Lissabon	G. IIb Priv.-Sch. Erika, Zürich	Hell	14./3. 04	
4372	Drago	Matanowitsch	Cettinge (Montenegro)	R.-G. Ab.		14./3. 04	

Chem.-technologisches Laboratorium der Technischen Hochschule Stuttgart.

W.-S. 03/04							
2960	Eduard	Schaller	Neuhausen a. F.	Ap.	Haeußermann	5./3. 04	
2961	Richard	Schall	Stuttgart	O.-R.-Sch. Ab.		5./3. 04	
3834	Philipp	Neufeld	Drossen (Prov. Brandenburg)	Ap.		6./3. 04	

Universitäts-Laboratorium Tübingen.

S.-S. 03							
2354	Robert	Brass	Hohenstadt (Mähren)	G. Ab.	i. V.: Bülow Wislicenus	29./4. 03	
2360	Herm.	Schöffler	Knittlingen (O.-A. Maulbronn)	R.-Anst. Ab.		16./5. 03	
2361	Max Karl	Eble	Rottweil	Ap. (I)	Wislicenus	20./6. 03	
W.-S. 03/04							
2364	Karl	Fetzer	Stuttgart	Ap. (I)		11./11. 03	
2365	Wilhelm	Knöll	Mergentheim	Ap. (I)		14./11. 03	
2366	Karl	Schmid	Ofterdingen	Ap. (I)		17./11. 03	
2367	Max Heinr.	Deseniss	Hamburg	O.-R.-Sch. Ab.		10./12. 03	
2368	Fritz	Busse	Salzwedel	G. Ab.		12./12. 03	
2369	Joh. Karl	Filchner	München	Ap. (1)		5./2. 04	
2817	Hans	Schmid	Tübingen	G. Ab.	Hilger Wislicenus	5./2. 04	

Chemisches Institut der Universität Würzburg.

S.-S. 03							
2973	Karl	Neukamm	Nürnberg	Ind.-Sch. abs.	Hantzsch	10./7. 03	
2974	Julius	Rothschild	Schafheim (Hess.)	R.-G. abs.		26./5. 03	
2975	Benjam.	Lurie	Dwinsk (Rußl.)	R.-Sch. abs.		26./5. 03	

Technologisches Institut der Universität Würzburg.

S.-S. 03							
3454	Asanosuké	Muto	Gifu (Japan)	Dem Gymn. entsprechd.	Medicus	2./6. 03	V.
W.-S. 03/04							
3455	Otto	Wassmuth	Brandenburg (Havel)	R.-G.		10./12. 03	V.

F.

Register der Ergänzungszeugnisse

zu den Zeugnissen

des Verbandes der Vorstände chem. Laboratorien an deutschen Hochschulen

für Sommer-Semester 1903 und Winter-Semester 1903/4.

Physikalisch-Chemisches Laboratorium der Universität Gießen.

Nummer des Zeugnisses	Vorname	Zuname	Geburtsort	Datum der Ausfertigung	Examinatoren	Prüfungs-Gegenstand
S.-S. 03						
2952	Richard	Nübling	Straßburg	27./4. 03	Elbs	Elektrochemie
2753	Frederic W.	Rixon	Heywood	28./4. 03	Elbs	Elektrochemie
1764	Herm.	Thümmel	Kassel	29./4. 03	Elbs	Elektrochemie
2901	Friedr.H.	Katz	Frankfurt a. M.	6./5. 03	Elbs	Elektrochemie
W.-S. 03/04						
3376	Wera	Krilitschewsky	Odessa	13./11. 03	Elbs	Elektrochemie

Universitäts-Laboratorium in Heidelberg.

Nummer des Zeugnisses	Vorname	Zuname	Geburtsort	Datum der Ausfertigung	Examinatoren	Prüfungs-Gegenstand
S.-S. 03						
1165	Walter	Möhring	Hamburg	30./3. 03	Bredig	Physik. Chemie
81	Dr. Rob.	Leimbach	Heidelberg	7./5. 03	Bredig	Physik. Chemie
3126	Friedr.	Epstein	Breslau	8./5. 03	Bredig	Physik. Chemie
1199	Ernst	Wilke	Bielitz	7./7. 03	Bredig	Physik. Chemie

Physikalisch-Chemisches Institut Leipzig.

Nummer des Zeugnisses	Vorname	Zuname	Geburtsort	Datum der Ausfertigung	Examinatoren	Prüfungs-Gegenstand
W.-S. 02/03						
3815	**Arthur**	**Geiger**	Berlin	10./2. 03	Prof. W Ostwald	Physik. Chemie
S.-S. 03						
2948	**William**	**Bray**	Wengham	28./7. 03	Prof. W.Ostwald	Physik. Chemie
W.-S. 03/04						
2947	**James**	**Westhaver**	Lunenburg (Canada)	4./12. 03	Prof. W.Ostwald	Physik. Chemie
526	**Herm.**	**Schaeffer**	Duisburg a. Rh.	15./12. 03		
2936	**Friedr.**	**Ohlmer**	Dorste	15./12. 03		
4192	**Herbert**	**Sill**	New-York	4./3. 04		

Chemisches Institut Marburg.

Nummer des Zeugnisses	Vorname	Zuname	Geburtsort	Datum der Ausfertigung	Examinatoren	Prüfungs-Gegenstand
W.-S. 03/04						
28	**Ernst**	**Eichwald**	Höxter	9./12. 03	Richarz	Physik
3277	**Jakob**	**Litzendorff**	Mainz	9./12. 03		

Mineralogisches Institut der Universität München.

Nummer des Zeugnisses	Vorname	Zuname	Geburtsort	Datum der Ausfertigung	Examinatoren	Prüfungs-Gegenstand
S.-S. 03						
3069	**Leopold**	**Semper**	Hannover	26./5. 03	Prof. P. Groth	Mineralogie und Kristallograph.
3042	**Fritz**	**Singer**	Schwabach	3./7. 03		Mineralogie und Kristallograph.
2082	**Wilhelm**	**Hass**	München	21./7. 03		Mineralogie
2813	**Laurenz**	**Waters**	Burgwaldniel	21./7. 03		
1637	**Wilhelm**	**Crecelius**	Frücht(H.-Nass.)	24./7. 03		
2806	**Eugen**	**Reuchlin**	Ellwangen	24./7. 03		
2815	**Fritz**	**Fleischmann**	Bayreuth	28./7. 03		
2812	**Willem**	**Hesselink**	Arnheim	28./7. 03		
3040	**Richard**	**Neuroth**	Oberursel	28./7. 03		
3044	**Karl**	**Lüdecke**	Berlin	28./7. 03		
4005	**Oskar**	**Burger**	Kempten	28./7. 03		
3037	**Fritz**	**Breest**	Pieske	28./7 03		
W.-S. 03/04						
2819	**Bruno**	**Linne**	Bremen	14./11. 03	Prof. P. Groth	Mineralogie und Kristallograph.
1947	**Egon**	**Böhm**	Wien	27./2. 04		Mineralogie
3030	**Walter**	**Mieg**	Pasing	9./3. 04		Mineralogie und Kristallograph.

Mineralogisches Institut der Universität München. Fortsetzung.

Nummer des Zeugnisses	Vorname	Zuname	Geburtsort	Datum der Ausfertigung	Examinatoren	Prüfungs-Gegenstand
W.-S. 03/04						
3044	**Karl**	**Lüdecke**	Berlin	9./3. 04	Prof. P. Groth	Kristallographie
3059	**Hans**	**Stenzl**	München	9./3. 04		Kristallographie
2096	**Karl**	**Rath**	Neuenahr	9/3. 04		Mineralogie und Kristallograph.
4005	**Oskar**	**Burger**	Kempten	9./3. 04		Kristallographie
3045	**Ludwig**	**Kalb**	München	9./3. 04		Mineralogie und Kristallograph.
3058	**Alfons**	**v. Bentheim**	Berlin	9./3. 04		Mineralogie und Kristallograph.
3072	**Heinr.**	**Feigel**	Ansbach	9./3. 04		Kristallographie
3073	**Eugen**	**Zucker**	Nürnberg	9./3. 04		Mineralogie und Kristallograph.
3032	**Eugen**	**Mayer**	Frankfurt a. M.	9./3. 04		Mineralogie und Kristallograph.
2812	**Willem**	**Hesselink**	Arnheim	9./3. 04		Kristallographie
3070	**Walter**	**Schwerdt**	Salzungen	9./3. 04		Kristallographie
3046	**Eduard**	**Sprōngerts**	Artern	9./3. 04		Kristallographie

G.

Übersichtstabelle über die Anzahl der ausgestellten Verbandszeugnisse.

Ort	Institut	Zahl der ausgestellten Zeugnisse			
		im Sommer 1903		im Winter 1903/04	
		U*)	T*)	U*)	T*)
Aachen	Chemische Laboratorien T.	—	2	—	1
Berlin	I. Chemisches Institut U.	21	—	28	—
Berlin	II. Chemisches Institut U.	2	—	7	—
Berlin	Technologisches Institut U.	1	—	—	—
Berlin	Anorganisches Laboratorium T.	—	42	—	40
Berlin	Organisches Laboratorium T.	—	4	—	—
Berlin	Technisch-chemisches Laboratorium T.	—	—	—	1
Berlin	Chemisches Laboratorium der Landwirtschaftlichen Hochschule	—	1	—	2
Bonn	Chemisches Institut U.	8	—	5	—
Braunschweig	Laboratorium für analytische und technische Chemie T.	—	2	—	8
Braunschweig	Pharmazeutisch-chemisches Laboratorium T.	—	3	—	6
Breslau	Chemisches Laboratorium U.	10	—	17	—
Breslau	Pharmazeutisches Institut U.	1	—	2	—
Breslau	Landwirtschaftlich-technologisches Institut U.	3	—	3	—
Darmstadt	Chemisches Institut T.	—	2	—	1
Dresden	Chemische Laboratorien T.	—	7	—	11
Erlangen	Chemisches Laboratorium U.	3	—	7	—
Erlangen	Pharmazeutisch-chemisches Institut U.	—	—	1	—
Freiburg	Chemisches Laboratorium (med. Abt.) U.	3	—	2	—
Freiburg	Chemisches Laboratorium (philos. Abt.) U.	5	—	14	—
Gießen	Chemisches Laboratorium U.	4	—	6	—
Gießen	Physikalisch-chemisches Laboratorium U.	4	—	3	—
Göttingen	Allgemeines Chemisches Laboratorium U.	5	—	9	—
Göttingen	Physikalisch-chemisches Institut U	—	—	1	—
Göttingen	Agrikultur-chemisches Laboratorium U.	—	—	2[1])	—
Greifswald	Chemisches Institut U.	2	—	3	—
Halle	Chemisches Institut U.	3	—	5	—

Hannover	Laboratorium für anorganische Chemie T.	—	—	—	1
Heidelberg	Universitäts-Laboratorium U.	4	—	8	—
Heidelberg	Laboratorium des Prof. Krafft U.	2	—	2	—
Jena	Universitäts-Laboratorium U.	4	—	4	—
Karlsruhe	Chemisches Institut T.	—	9	—	11[1])
Kiel	Universitäts-Laboratorium U.	3	—	3	—
Königsberg	Chemisches Laboratorium U.	3	—	—	—
Leipzig	I. Chemisches Institut U.	13	—	8	—
Leipzig	Physikalisch-chemisches Institut U.	1	—	4	—
Leipzig	Laboratorium für angewandte Chemie U.	6	—	3	—
Leipzig	Chemisches Laboratorium des physiologischen Instituts U.	4	—	2	—
Marburg	Chemisches Institut U.	9	—	6	—
Marburg	Pharmazeutisch-chemisches Institut U.	4	—	1	—
München	Chemisches Laboratorium des Staates U.	19	—	12	—
München	Laboratorium für angewandte Chemie U.	6	—	2	—
München	Anorganisch-chemisches Laboratorium T.	—	2	—	—
München	Organisch-chemisches Laboratorium T.	—	—	—	2
Münster	Chemisches Institut U.	3	—	3	—
Rostock	Chemisches Institut U.	5	—	7	—
Straßburg	Chemisches Laboratorium U.	9	—	5	—
Stuttgart	Laboratorium für allgemeine Chemie T.	—	3	—	6
Stuttgart	Chemisch-technologisches Laboratorium T.	—	—	—	3
Tübingen	Universitäts-Laboratorium U.	3	—	7	—
Würzburg	Chemisches Laboratorium U.	3	—	—	—
Würzburg	Technologisches Institut U.	1	—	1	—
	insgesamt	177	77	193	93

Es sind ausgestellt worden:

bis Sommersemester 1902 . . . . 2131 Verbandszeugnisse[2])
im Sommersemester 1902 . . . . 282 Verbandszeugnisse, hiervon 215 an 21 Universitäten, 67 an 9 Technischen Hochschulen,
im Wintersemester 1902/03 . . . . 291[1]) Verbandszeugnisse, hiervon 221 an 21 Universitäten, 68 an 9 Technischen Hochschulen,
im Sommersemester 1903 . . . . 254 Verbandszeugnisse, hiervon 177 an 21 Universitäten, 77 an 8 Technischen Hochschulen,
im Wintersemester 1903/04 . . . . 286 Verbandszeugnisse, hiervon 193 an 20 Universitäten, 93 au 9 Technischen Hochschulen,

bisher insgesamt ausgestellt 3244 Verbandszeugnisse.

*) U. bedeutet Universität, T Technische Hochschule.
[1]) Ein Zeugnis ist für das Wintersemester 1902/03 nachzutragen; dasselbe ist in der Zusammenstellung am Schlusse der Seite aufgenommen.
[2]) Vergl. die Zusammenstellung der Berichtigungen auf S. 2.

H.

Liste der Doktordissertationen

des

Verbandes der Laboratoriumsvorstände an deutschen Hochschulen

für Sommer-Semester 1903 und Winter-Semester 1903/04.

Universität Berlin.

Laufende No.	Name des Promovierten	No. des Verbands-zeugnisses	Vorbildung	Titel der Dissertation	Bezeichnung des Laboratoriums	Name des Dozenten, welcher die Arbeit geleitet hat	Ort der Promotion ev. Fehlanzeige
1	**Hermann Fecht**	2205	G.	Über die Konstitution des Apomorphins.	I. chem. Institut.	Dr. R. Pschorr	Berlin
2	**Franz Wrede**	2435	G.	Zur Bestimmung der Verbrennungswärme organischer Verbindungen mittels der kalorimetrischen Bombe.	I. chem. Institut.	Prof. Dr. E. Fischer	Berlin
3	**Arthur vom Dorp**	2823	R.-G.	Über die Semicarbazone und Acetylhydrazone von 1, 2-Diketonen.	I. chem. Institut.	Dr. O. Diels	Berlin
4	**Theodor St. Warunis**	3104	G.	Über die Kondensation von Cuminaldehyd mit Aethylmethylketon.	I. chem. Institut.	Prof. Dr. C. Harries	Berlin
5	**Richard Kempf**	2427	G.	Über parasubstituierte Orthonitrobenzaldehyde.	I. chem. Institut.	Dr. Fr. Sachs	Berlin
6	**Ernest Atkinson**	52	G.-Sch. London	Über $\triangle^{1.3}$-Dihydrotoluol und $\triangle^{1.3}$-Dihydro-m-Xylol.	I. chem. Institut.	Prof. Dr. C. Harries	Berlin
7	**Otto Ahlert**	2430	R.-G.	Zur Kenntnis der Azoxyverbindungen und des Reaktionsverlaufes zwischen Anilin, Nitrobenzol und Alkali.	I. chem. Institut.	Prof. Dr. A. Wohl	Berlin
8	**Berthold Hoffmann**	1676	G.	Einwirkung von Ammoniak auf Phosphorpentasulfid und Darstellung von Phosphorstickstoff.	I. chem. Institut.	Dr. A. Stock	Berlin
9	**Bruno Fels**	2428	R.-G	Zur Kenntnis einiger Derivate der Cinchomeronsäure und Chinolinsäure.	I. chem. Institut.	Prof. Dr. S. Gabriel	Berlin
10	**Hermann Kusel**	2442	R.-G.	Zur Kenntnis des (1 4) Dioxy-Isochinolins.	I. chem. Institut.	Prof. Dr. S. Gabriel	Berlin

11	**Willy Lewin**	2410	G.	Zur Kenntnis des p-Dimethylamidobenzaldehyds.	I. chem. Institut	Dr. Fr. Sachs	Berlin
12	**Max Silberbach**	2414	R.-G.	I. Nitropapaverin und dessen Reduktionsprodukte. II. Destillation von Guajacol mit Bleioxyd. III. Zur Kenntnis des m-Oxybenzalazins.		Dr. R. Pschorr	
13	**Paul Bromberger**	1733	R.-G.	Zur Kenntnis der α-β ungesättigten Ketone.		Prof. Dr. C. Harries	
14	**Hans Vogtherr**	2423	R.-G.	I. Synthese von Methylacetylmorpholchinon. II. Über die Einwirkung verflüssigter Halogenwasserstoffsäuren auf Morphin.		Dr. R. Pschorr	
15	**Ugo Ferrari**	887	Lyc. Mailand abs.	Zur Kenntnis der Ketoneigenschaften des Diacetonhydroxylamins, Triacetonhydroxylamins und seiner Oxydation zu Nitroisopropylaceton durch Salpetersäure		Prof. Dr. C. Harries	
16	**Arthur Zart**	2449	R.-G.	Zur Kenntnis des Eucaïn B. Zur Stereochemie in der Piperidinreihe.		Prof. Dr. C. Harries	
17	**Walter Stöhrer**	2413	R.-G.	Synthese des Acetylthebaolchinons. Über die Nitroderivate des Isovanillins.		Dr. R. Pschorr	
18	**Georg Fischer†**	3113	G.	Über die Chloride des Schwefels, besonders das sogenannte Schwefeldichlorid.		Prof. Dr. O Ruff	
19	**Johannes Angerhausen**	2441	O.-R.-Sch.	Zur Kenntnis des Nitroacetons.		Prof. Dr. C. Harries	
20	**Rudolf Fischer**	3105	G.	Zur Kenntnis des Morphins. Einwirkung von Kaliumsulfhydrat und Natriumsulfaethylat auf Chloro- und Bromocodid.		Dr. R. Pschorr	
21	**Wilhelm Plato**	3102	G.	Zur Darstellung des Calciums. Regelmäßigkeiten in der Zusammensetzung eutectischer Mischungen anorganischer Salzpaare.		Prof. Dr. O. Ruff	
22	**Ferdinand Reuter**	2704	G.	Über Citronylamin und Methonylamin. Ein Beitrag zur Konstitution der Verbindungen der Citronellalreihe.		Prof. Dr. C. Harries	
23	**Fritz Goldenberg**	2450	R.-G.	Über einige Versuche, das p-Oxyphenylhydroxylamin darzustellen. Über einige p-Diazoaminophenole und das 1-Oxy-4-(α-Naphtylamino-4-azo)-benzol.		Prof. Dr. A. Wohl	

Universität Berlin. Fortsetzung.

Laufende No.	Name des Promovierten	No. des Verbandszeugnisses	Vorbildung	Titel der Dissertation	Bezeichnung des Laboratoriums	Name des Dozenten, welcher die Arbeit geleitet hat	Ort der Promotion ev. Fehlanzeige
24	**Hermann Stremme**	2443	R.-G.	Zur Kenntnis der wasserhaltigen Aluminiumsilikate.	I. chem. Institut	Prof. Dr. O. Ruff	Berlin
25	**Erich Kolshorn**	3120	R.-G.	Zur Kenntnis der Aminoketone.	I. chem. Institut	Prof. Dr. S. Gabriel	Berlin
26	**Wilhelm Wolff**	3123	G.	Zur Kenntnis der Triketone.	I. chem. Institut	Dr. Fr. Sachs	Berlin
27	**Richard Ipsen**	3111	R.-G.	Über das Titantetrafluorid.	I. chem. Institut	Prof. Dr. O. Ruff	Berlin
28	**Heinrich Schlüter**	2662	G.	Eine Synthese des 2-Methylhypoxanthins.	I. chem. Institut	Prof. Dr. Traube	Berlin
29	**Emil Geisel**	3115	R.-G.	I. Versuche zur Darstellung von Fluorstickstoff. II. Zur Konstitution des Schwefelstickstoffs.	I. chem. Institut	Prof. Dr. O. Ruff	Berlin
30	**Hugo Krause**	3103	O.-R.-Sch.	Über Pikramidverbindungen.	I. chem. Institut	*	Berlin
31	**Karl Hermann Lips**	59	Polytech.-Inst.	Über die Oxalessigsäure und sekundäre Amide der Brenztraubenzsäure. Beiträge zum Abbau der Arabinose.	I. chem. Institut	Prof. Dr. A. Wohl	Berlin
32	**Georg Winterfeld**	3118	R.-G.	Über die Bromide des Schwefels Versuche zur Darstellung von Bleitetrafluorid.	I. chem. Institut	Prof. Dr. O. Ruff	Berlin
33	**Wilhelm Wirbelauer**	3138	O.-R.-Sch.	Beiträge zur Chemie des Siliciums.	I. chem. Institut	Dr. M. Blix	Berlin
34	**Georg Scarlatt**	3112	R.-G.	Über die Einwirkung von Guanidin auf die Ester ungesättigter Säuren.	I. chem. Institut	Prof. Dr. Franke	Berlin
1	**Emil Wolff**[1])	*	*	Über die Ionenwanderung in Chlorwasserstoffsäure und Bariumchlorid bei 0° C. und 30° C.	II. chem. Institut	Prof. Jahn	Berlin
2	**Bruno v. Lenski**	1936	G. Ab.	Beitrag zur Kenntnis der Trennung von Mischkristallen	II. chem. Institut	Prof. Marckwald	Berlin
3	**Friedrich Hoffmann**	1940	G. Ab.	Über d. Löslichkeitsbeeinflussung schwacher Säuren durch Nichtelektrolyte und Elektrolyte mit nur fremden Jonen	II. chem. Institut	Prof. Jahn	Berlin

4	**Hermann v. d. Heyde**	1571	G.	Über zwei Verbindungen der l-Äpfelsäure mit den beiden aktiven Weinsäuren nebst Beiträgen zur Erklärung des Drehvermögens dieser beiden Säuren	II. Ch. Inst.	Prof. Landolt	Berlin
5	**Werner Knopp**	2444	G.	Über die Löslichkeitsbeeinflussung von Wasserstoff und Stickoxydul in wässerigen Lösungen verschieden dissoziierter Stoffe	II. Ch. Inst.	Prof. Jahn	Berlin
6	**Ina A. Milroy**	1933	Norm.Sch. (Detroit)	Über den Einfluß inaktiver Substanzen auf die optische Drehung des Traubenzuckers	II. Ch. Inst.	Prof. Dr. Landolt	Berlin
7	**Erich Hesse**	3558	R.-G.	Über Derivate der Amylalkohole des Fuselöles	II. Ch. Inst.	Prof. Marckwald	Berlin
8	**Hugo Schulz**	3554	R.-G.	Über die Wanderung der Ionen in wässeriger Chlornatrium- und Chlorammoniumlösung bei 0°, 18° und 30° C.	II. Ch. Inst.	Prof. Jahn	Berlin
9	**Johannes Dehnicke**	3551	R.-G.	Beiträge zur Kenntnis der Verbindungen des dreiwertigen Ceriums und Lanthans	II. Ch. Inst.	Dr. Hinrichsen	Berlin
10	**Bernhard Schapire**	1938	G.	Beitrag zur Kenntnis des elektrischen Leitvermögens von Natrium- und Kaliumchlorid in Wasser-Aethylalkoholgemischen	II. Ch. Inst.	Prof. Jahn	Berlin
1	**Heinrich Frederking**	1908	G.	Über Nitroso-m-Toluylendiamin	Techn. Inst.	Täuber	Berlin
2	**Karl Hartmann**	1923	R.-G.	Über p-Methoxyisatin und die Kondensation des p-Methoxyisatins	Techn. Inst.	Pfitzinger	Berlin
3	**Leo Ubbelohde**	1929	G.	Über Kondensationen der Isatinsäure und des o-Amidobenzaldehyds mit Isonitrosoaceton	Techn. Inst.	Pfitzinger	Berlin

[1]) In den Dissertationslisten ist statt der Nummer des Verbandszeugnisses ein Strich gesetzt, wenn es feststeht, daß der Kandidat kein Verbandszeugnis erhalten hat. In den meisten Fällen hat der Kandidat aber eine gleich- oder höherwertige Prüfung (z. B. Diplomhauptprüfung) vor Beginn der Arbeit abgelegt, und es ist nur kein Zeugnis ausgestellt worden; dann findet sich ein entsprechender Vermerk unter der Rubrik: Vorbildung. Die Fälle, in welchen Unsicherheit besteht, ob der Kandidat die Verbandsprüfung abgelegt hat oder in welchen sich die Nummer des Zeugnisses für die bestandene Prüfung nicht ermitteln ließ, sind durch ein Sternchen gekennzeichnet.

Technische Hochschule Berlin.

Laufende No.	Name des Promovierten	No. des Verbandszeugnisses	Vorbildung	Titel der Dissertation	Bezeichnung des Laboratoriums	Name des Dozenten, welcher die Arbeit geleitet hat	Ort der Promotion ev. Fehlanzeige
1	**Bernhard Plens**	1746	O.-R.-Sch. Ab.	Über die Reduktion von Chinizarin und Anthrarufin mit Jodwasserstoffsäure	Org. Lab.	C. Liebermann	Berlin Universität
2	**Georg Wentzel**	920	G. Ab.	Über die Einwirkung von Halogen und Schwefelkohlenstoff auf Natriummethylenverbindungen	Org. Lab.	C. Liebermann	Berlin Techn. Hochschule
3	**Albert Wolff**	1519	G. Ab.	Über das Verhalten organischer Persulfate beim Erhitzen	Org. Lab.	R. Wolffenstein	Berlin Techn. Hochschule
4	**Guilbert Book**	1721	O.-R.-Sch.	Über die Reaktion von Aceton gegen Nitroopiansäure und einige neue Chinaldinderivate	Org. Lab.	C. Liebermann	Berlin Techn. Hochschule
5	**Felix Haase**	1415	G. Ab.	Über die Konstitution des sogenannten δ-Aminovaleraldehyds	Org. Lab.	R. Wolffenstein	Berlin Universität
6	**Adolf Stadler**	1606	R.-G. Ab.	Zur Pseudomerie der aliphatischen γ-Aldehydocarbonsäuren	Org. Lab.	H. Simonis	Berlin Universität
7	**Hans Schrobsdorff**	1745	G. Ab.	Über die Reduktion des Hystazarins und Chrysazins	Org. Lab.	C. Liebermann	Berlin Universität
8	**Fritz Hayduck**	2457	G. Ab.	Über Versuche zur Darstellung eines Tetraoxyindigos	Org. Lab.	C. Liebermann	Berlin Universität
1	**Ernst Kollmann**	—	D.	Über die Gautiersche Verbindung P_5H_5O	A. Ch. Lab.	H. Erdmann	Berlin

Landwirtschaftliche Hochschule Berlin.

Laufende No.	Name des Promovierten	No. des Verbandszeugnisses	Vorbildung	Titel der Dissertation	Bezeichnung des Laboratoriums	Name des Dozenten, welcher die Arbeit geleitet hat	Ort der Promotion ev. Fehlanzeige
1	**Josef Geronimus** aus Mohilew	954	Ap.	Synthese der Trans-Phenyltrimethylencarbonsäure	Landw. Hochsch.	Buchner	Univ. Berlin
2	**Lasar Perkel** aus Odessa	955	Hand.-Sch.	Über Phenylpyrazol- und Phenyltrimethylenderivate	Landw. Hochsch.	Buchner	Univ. Berlin
3	**Klaus Witte** aus New-York	1693	G. Ab.	Reaktionen des 2-Nitronaphtalins	Landw. Hochsch.	Meisenheimer	Univ. Berlin

Universität Bonn.

1	**Leonhard Schmitz** aus Düsseldorf	1850	R.-G. Ab.	Über einige neue Abkömmlinge der Zitronensäure	Ch. Inst.	G. Schroeter	Bonn
2	**Joachim Graff** aus Köln a. Rh.	1847	G. Ab.	Über Kondensationen mit Hilfe des Chlorides der Acetyl-β,β-oxynaphtoesäure	Ch. Inst.	R. Anschütz	Bonn
3	**Wilhelm Hübner** aus Mörs	1845	Ap.	Die Milchsäure, ein Beitrag zur Kenntnis ihres Vorkommens und ihrer Bestimmung im Wein	Ch. Inst.	A. Partheil	Bonn
4	**Hermann Wolff** aus Marburg (Hess.)	1831	G. Ab.	Beiträge zur Kenntnis der Cerverbindungen	Ch. Inst.	E. Rimbach	Bonn
5	**Fritz Schmitz** aus Münch.-Gladbach	341	O.-R.-Sch. Ab.	Über Abkömmlinge der [3,3]-Dijodsalicylsäure	Ch. Inst.	R. Anschütz	Bonn
6	**Hermann Bürgers** aus Marburg (Hess.)	2825	R.-G. Ab.	Beiträge zur Kenntnis der Uranyldoppelsalze	Ch. Inst.	E. Rimbach	Bonn
7	**Alexander Hültenschmitt** aus Dortmund	2827	Ap.	Über Pyrrolidin-β-carbonsäuren	Ch. Inst.	Pauly	Bonn
8	**Josef Schmitt** aus Süng bei Lindlar	2835	G. Ab.	Über die Bedeutung des Kathodenmaterials für die elektrolytische Reduktion des m- und p-Nitrotoluols	Ch. Inst.	W. Loeb	Bonn

Technische Hochschule Braunschweig.

1	**Rudolf Heyser**	277	Ap.	Beiträge zur Kenntnis der Phenetitide und Anisidide der Thioglycolsäure	Pharm.-ch. Lab.	Prof. Dr. Beckurts u. Dr. G. Frerichs	Basel
1	**Oskar Spengler**	2114	O.-R.-Sch. Ab.	Studien über die Konstitution der Phtaleïnsalze	Lab. f. anal. u. techn. Ch.	R. Meyer	Braunschweig

Universität Breslau.

1	**Waldemar Blümel**	1371	R.-G. Ab.	Nebenprodukte der Anilinfabrikation	Landw. techn. Inst.	Ahrens	Breslau
2	**Hermann v. Huber**	*	G. Ab.	Pyrophtalon und Derivate	Ch. Inst.	Ladenburg	Breslau
3	**O. Bobertag**	1344	R.-G. Ab.	Partielle Racemie	Ch. Inst.	Ladenburg	Breslau
4	**Fritz Werner**	3160	R.-G. Ab.	Über die Einwirkung von αα'-Lutidin auf Aldehyde	Ch. Inst.	Ladenburg	Breslau

Universität Breslau. Fortsetzung.

Laufende No.	Name des Promovierten	No. des Verbandszeugnisses	Vorbildung	Titel der Dissertation	Bezeichnung des Laboratoriums	Name des Dozenten, welcher die Arbeit geleitet hat	Ort der Promotion ev. Fehlanzeige
5	**Alfred Wiedemann**	1342	G. Ab.	Experimenteller Beweis für die Identität der α und α' Stellung im Pyridin	Ch. Inst.	Scholtz	Breslau
6	**Karl Löffler**	1324	Gew.-Ak. Ab.	Derivate des Picolyl- und des Picolylmethylalkin	Ch. Inst.	Ladenburg	Breslau
7	**Mac Lauchlan**	3911	B. S.	Über den Einfluß von Salzen auf die Löslichkeit von H_2S, Brom und Jod	Ch. Inst.	Abegg	Breslau
8	**Robert Becket Denison**	3198	B. S.	Beiträge zur direkten Messung von Überführungszahlen	Ch. Inst.	Abegg	Breslau
9	**Miles Sherill**	2021	B. S.	Über die Complexe der Mercurihaloide	Ch. Inst.	Abegg	Breslau
10	**Kurt Bartsch**	1350	O.-R.-Sch. Ab.	Derivate des α- und β-Naphtocumarin	Ch. Inst.	Ladenburg	Breslau
11	**Stanislaus Labendzinski**	3163	G. Ab.	Über die Konstitution der gelösten Schwermetallsalze auf Grund von Potentialmessungen	Ch. Inst.	Abegg	Breslau

Technische Hochschule Dresden.

Laufende No.	Name des Promovierten	No. des Verbandszeugnisses	Vorbildung	Titel der Dissertation	Bezeichnung des Laboratoriums	Name des Dozenten, welcher die Arbeit geleitet hat	Ort der Promotion ev. Fehlanzeige
1	**Arthur Zscheile** aus Dresden	1478	R.-G. Ab.	Beitrag zur Kondensation von Alkyloxysäureestern mit Cyaniden und Ketonen	Org.-ch. Lab.	Prof. Dr. v. Walther u.Prof.Dr.v.Meyer	Dresden
2	**Hermann Lehmann** aus Dresden	—	R.-G. Ab. ·D.	Zur Kenntnis der Polymeren des Acetonitrils	Org.-ch. Lab.	Prof. Dr. v. Meyer	Dresden
3	**Albert Grossmann** aus Großröhrsdorf (Sa.)	1483	R.-G. Ab.	Beitrag zur Kenntnis der Amidine	Org.-ch. Lab.	Prof. Dr. v. Walther u.Prof.Dr.v.Meyer	Dresden
4	**Walter König** aus Annaberg	1488	R.-G. Ab.	I. Zur Kenntnis der Einwirkung von Nitrilen auf Karbonsäuren II. Über eine neue von Pyridin derivierende Klasse von Farbstoffen	Org.-ch. Lab.	Prof. Dr. v. Meyer	Dresden

5	**Paul Schönherr** aus Borstendorf (Sa.)	631	Staats-lehranst. abs.	Über das Verhalten von Abkömmlingen des Phenyl-isocyanats zu Stickstoff- und Phosphorverbindungen, sowie über einige sekundäre Sulfochlorphosphine der aromatischen Reihe	Org.-ch. Lab.	Prof. Dr. v. Meyer	Dresden
6	**Alfred Friessner** aus Zwickau (Sa.)	1472	G. Ab.	Über die elektrolytische Oxydation der schwefligsauren Salze und über die elektrochemische Bildung von Dithionat		Prof. Dr. Förster	
7	**Ernst Oberer** aus Basel	—	Gew.-Sch. abs. D. (Zürich)	Zur Kenntnis des Kobaltosulfats	El.-ch. Lab.	Prof. Dr. Förster	
8	**Wilhelm Oechsli** aus Zürich	—	G. Ab. D. (Zürich)	Über die elektrolytische Perchloratbildung		Prof. Dr. Förster	Zürich
9	**Julius Weber** aus Winterthur	—	Ind.-Sch. abs. D. (Zürich)	Ein Beitrag zur elektrolytischen Darstellung von Nitrit		Prof. Dr. E. Müller	
10	**Otto Haase** aus Dresden	*	G. Ab.	Zur Kenntnis der Schiffschen Basen und der Akridine	Farbench. Lab.	Prof. Dr. Möhlau	Gießen

Universität Erlangen.

1	**Georg Fiesselmann**	1661	G. Ab.	Über die Einwirkung von Formaldehyd auf Anthranilsäure			
2	**Friedrich Michel**	3328	G. Ab.	Über Dithiocarbamate sekundärer aromat. Basen und über eine Verbindung des Formaldehyds mit dem Indigo		Dr. G. Heller	
3	**Godhart Nachtigall**	1983	Ap. (I)	I. Über einige Reaktionen des Glutakonsäureesters II. Über die Konstitution des Mononitroso-orcins	Ch. Lab.	Dr. F. Henrich	Erlangen
4	**Alfred Wirth**	1667	Ap. (I)	Über zwei stereoisomere Oxime des Dypnons			
5	**Hans Fehn**	3329	R.-G. Ab.	Über heterocyclische Verbindungen und Hydrazone von Dithiokohlensäureestern		Dr. M. Busch	

Universität Erlangen. Fortsetzung.

Laufende No.	Name des Promovierten	No. des Verbands-zeugnisses	Vor-bildung	Titel der Dissertation	Bezeichnung des Laboratoriums	Name des Dozenten, welcher die Arbeit geleitet hat	Ort der Promotion ev. Fehlanzeige
6	**Werner Reinhardt**	825	R.-G. Ab.	Über einige Abkömmlinge des Nitrotoluidins vom Schmelzpunkt 107°	Techn. Lab. d. Techn. Hochsch. Berlin	Dr. O. N. Witt	
7	**Friedrich Kless**	—	Kgl. Real-lehrer	Über einige Anhydroverbindungen aus Aldehyden und primären Aminen	Ch. Lab. der Techn. Hochsch. München	W. von Miller und Plöchl	
8	**Jakob Rubenbauer**	—		Über Metallverbindungen von β-Diketonen und β-Diketonsäureestern	Ch. Lab. der Univ. Würzburg	W. Wislicenus	
9	**Friedr. Resenscheck**	3342	G. Ab.	I. Beiträge zur Kenntnis des Tellurs II. Zur Kenntnis des kolloidalen Goldes			
10	**Johann Lohmann**	3336	Ap. (I)	I. Versuche zur Darstellung des Nitroxyls II. Beiträge zur Kenntnis des Selens	Ch. Lab.	Dr. A. Gutbier	
1	**Konrad Amberger**	340	Ap. (I)	Über kolloidale Metalle der Platingruppe			Erlangen
2	**Oskar Engels**	2152	G. IIb	Über die Einwirkung von Amidosulfonsäure auf p-Xylidin und as.-m-Xylidin			
3	**Erich Giere**	333	Ap. (II)	Über Verbindungen von Phenolen mit kohlensauren Alkalien			
4	**Karl Koch**	337	Ap. (I)	Zur Kenntnis von kolloidalem Selen und Tellur	Pharm.-ch. Inst.	C. Paal	
5	**Johann Ubber**	332	Ap. (I)	Beitrag zur Kenntnis der Pyridazine			
6	**Franz Voss**	338	Ap. (II)	Über kolloidale Silbersalze			
7	**Georg Zitelmann**	334	Ap. (I)	Über die Einwirkung von Phenylcyanat auf organische Aminosäuren			

Universität Freiburg i. B.

Laufende No.	Name des Promovierten	No. des Verbands-zeugnisses	Vor-bildung	Titel der Dissertation	Bezeichnung des Laboratoriums	Name des Dozenten, welcher die Arbeit geleitet hat	Ort der Promotion ev. Fehlanzeige
1	**August Brüning**	716	Ap. (I)	Über schwefelhaltige cyclische Verbindungen und über Iminothioäther		Autenrieth	
2	**J. Kessler**	412	Ap. (I)	Über Trennung von Aminbasen mittels Benzolsultochlorid und Kalilauge und über einige substituierte Benzolsulfamide	Ch. Inst. (med. Abtg.)	Hinsberg	Freiburg i. B.

3	**Karl Pretzell**	3637	G.	Zur Kenntnis der ungesättigten Säuren $C_4H_6O_2$		Autenrieth	Freiburg i. B.
4	**Renatus Bernheim**	420	Ap. (I)	Über Sulfonsäureester und Sulfonderivate des p-Phenetidins		Autenrieth	
5	**Friedrich Köhler**	415	Ap. (I)	Über die Einwirkung von Kalkhydrat auf l-Arabinose	Ch. Inst. (med. Abtg.)	Kiliani	
6	**Paul Loeffler**	3631	Ap. (I)	I. Über die Einwirkung von Kalkhydrat auf Milchzucker II. Konstitution des Parasaccharins		Kiliani	
1	**Hermann Löwe**	1248	G.	Über die Einwirkung von Thiophenolen auf Chlornitrobenzole		Gattermann	
2	**Georg Smith**	2288	B. S.	Zur Kenntnis der Derivate des p-Jodazobenzols und des m-Chlor-jodbenzols mit mehrwertigem Jod		Willgerodt	
3	**Ipo Ritsema**	1364	Höh. holl. Bürgersch.	Beiträge zur Kenntnis des Akridins		Edinger	
4	**Karl Gaugler**	1517	G.	Synthesen mit disubstituierten Formamidinen		Gattermann	
5	**Kurt Silbermann**	1711	G.	Zur Kenntnis des p-Tolylaldehydes		Gattermann	
6	**Ludwig Krauss**	3582	Ap. (I)	Über Metalltitrationen mittels Jodsäure		Rupp	
7	**Wilhelm Hambrecht**	1400	G.	Über die Einwirkung von Schwefelammonium auf fettaromatische Ketone	Univ.-Lab. (philos. Abtg.)	Willgerodt	
8	**Franz Merk**	1393	O.-R.-Sch.	Über die Einwirkung von Schwefelammonium auf fettaromatische Ketone		Willgerodt	
9	**Max Baerlocher**	418	Kant. Sch.	Beiträge zur Kenntnis einiger Derivate des p-Oxychinolins und des ana-Brom-p-Oxychinolins		Howitz	
10	**Wilhelm Schwenk**	2289	Ap. (I)	Über Derivate des o-Chinolinaldehyds		Howitz	
11	**Georg Leschik**	1241	G.	Beiträge zur Kenntnis der aromatischen Aldehyde		Gattermann	
12	**Karl Kieser**	2278	G. IIa	Beiträge zur Chemie der optischen Sensibilisation von Silbersalzen		Der Kandidat selbst	
13	**Francesco Maffezzoli**	2281	O.-R.-Sch.	Beiträge zur Kenntnis der Umsetzungen des Anthrachinon-o-Dicarbonsäureanhydrids		Willgerodt	

Universität Freiburg i. B. Fortsetzung.

Laufende No.	Name des Promovierten	No. des Verbands-zeugnisses	Vorbildung	Titel der Dissertation	Bezeichnung des Laboratoriums	Name des Dozenten, welcher die Arbeit geleitet hat	Ort der Promotion ev. Fehlanzeige
14	**Jakob Gattermann**	1247	Ap. (II)	Synthesen mit disubstituierten Formamidinen	Univ.-Lab. (philos. Abtg.)	Gattermann	Freiburg i. B.
15	**Arthur Hill**	3571	M. S.	Zur Kenntnis der aromatischen Sulfinsäuren und Aldehyde		Gattermann	
16	**Alfred Bergdolt**	2291	O.-R.-Sch.	Die Titrimetrie der Erdalkalimetalle und des Magnesiums		Rupp	
17	**Felix Rüggeberg**	2284	R.-G.	Synthesen mit disubstituierten Formamidinen		Gattermann	
18	**Louis Brandt**	1240	R.-G. IIa	Über Jodoso-, Jodo- und Jodiniumverbindungen des 1-Methyl-3-Aethyl-4-Jodbenzols		Willgerodt	
19	**Hans Harter**	660	G.	Über p-Aethylphenyl- und Pikryl-p-aethylphenylhydrazin und Derivate derselben		Willgerodt	
20	**Rudolf Thilenius**	2283	G. IIa	Beiträge zur Kenntnis der aromatischen Aldehyde		Gattermann	
21	**Friedrich Borchers**	2285	G. IIa	Beitrag zur elektrolytischen Reduktion aromatischer Nitrokörper		Gattermann	

Universität Gießen.

Laufende No.	Name des Promovierten	No. des Verbands-zeugnisses	Vorbildung	Titel der Dissertation	Bezeichnung des Laboratoriums	Name des Dozenten, welcher die Arbeit geleitet hat	Ort der Promotion ev. Fehlanzeige
1	**Max Müller** aus Schenkendorf	179	R.-G.	Beitrag zum Verhalten von Salzen in Aceton	Ch. Univ.-Lab.	Alex. Naumann	Gießen
2	**Ernst Vogt** aus Langd	190	R.-G.	Verhalten von Kobaltchlorür, Quecksilberchlorid und Stannochlorid in Aceton			
3	**Karl Brück** aus Wiesbaden	2903	G.	Hydrolyse von Ammoniumsalzen in siedender wässriger Lösung			
4	**Eugen Mannheimer** aus Wimpfen	3227	R.-G.	Einwirkung hydrolytisch gespaltener Salze auf die Hydrolyse von Natriumphenolat			

1	Richard Nübling	2952	R.-G. Ab.	Zur Kenntnis der Plumbisalze	Ph.-Ch. Lab.	Elbs	Gießen
2	Hermann Thümmel	1764	R.-G. Ab.	Anodisches Verhalten von Zinn, Antimon und Wismuth			
3	Frederic W. Rixon	2753	Manchest. Higher Grade Board Sch. Ab.	Elektrolytisches Verhalten von phosphoriger und unterphosphoriger Säure			
4	Hermann Hermannsdörfer	1177	O.-R.-Sch. Ab.	Ameisensäure als Reduktionsmittel und als Lösungsmittel			
5	Hugo Schlemmer	2555	R.-G. Ab.	Über die elektrochemische Reduktion einiger m-Nitrophenylthioharnstoffe			
6	Michael Frank	1157	R.-G. Ab.	Elektrochemische Reduktion von fetten Nitrokörpern und Nitraminen, von aromatischen Nitrosokörpern und Nitrosaminen			
7	F. Heinrich Katz	2901	G. Ab.	Beiträge zur Elektrochemie der Thiosulfate			
8	Robert Follenius	*	R.-G. Ab.	Über die elektrochemische Reduktion von Diketonen			
9	Wilhelm Keiper	2558	R.-G. Ab.	Elektrochemische Reduktion von Nitroazokörpern			
10	Reinhold Zöckler	1766	G. Ab.	Elektrochemische Reduktion einiger Nitrochinoline			

Universität Göttingen.

1	Karl Rumpf	1975	R.-G. Ab.	Be trag zur Kenntnis der Thiuramdisulfide und Isothiuramdisulfide	Allg. Univ.-Lab.	von Braun	Göttingen
2	J. J. Thede	1988	R.-G. Ab.	Neue Beiträge zur Kenntnis der Phorongruppe		Wallach	
3	Petros A. Rhoussopoulos	1994	G. Ab.	Über cyclische Basen aus γ-δ-Methylheptenon		Wallach	

Universität Göttingen. Fortsetzung.

Laufende No.	Name des Promovierten	No. des Verbands-zeugnisses	Vor-bildung	Titel der Dissertation	Bezeichnung des Laboratoriums	Name des Dozenten, welcher die Arbeit geleitet hat	Ort der Promotion ev. Fehlanzeige
4	**Richard Schwarz**	1991	Gew.-Sch. abs.	Zur Kenntnis der Einwirkung von Bromcyan auf tertiäre Basen		von Braun	
5	**Karl Hüttner**	1997	O.-R.-Sch. Ab.	Studien über die Leukartsche Reaktion		Wallach	
6	**A. D. Berkhout**	1995	Landw. H.-Sch. abs.	Über die Einwirkung von Formaldehyd auf p-substituierte Phenole		Borsche	
7	**Albert Harzer**	1974	R.-G. Ab.	Über die Reaktivität des Sulfuryls		Kötz	
8	**Friedrich Tenhaeff**	1976	O.-R.-Sch. Ab.	Beiträge zur Kenntnis des Phellandrens		Wallach	
9	**Adolf Steindorff**	3084	G. Ab.	Über Pyrazole aus cyclischen Ketonen und über Menthenon		Wallach	
10	**Max Spannagel**	1999	R.-G. Ab.	Über die Synthese heterocyclischer Verbindungen aus 3,6 Diketonsäureester	Allg. Univ.-Lab.	Borsche	Göttingen
11	**Max Philippe**	1990	G. Ab.	Zur Kenntnis des Acetylxylols		Wallach	
12	**Wilhelm Kempe**	3078	G. Ab.	Über das Pulenon		Wallach	
13	**Richard Koech**	859	G. Ab.	Über Konstitution und Umformungen des Menthonisoxims		Wallach	
14	**Ugo Locatelli**	891	Lyc. Ab.	Über einige neue Purpursäuren		Borsche	
15	**Ulrich Franke**	1985	G. Ab.	Über Isomerisierung cyclischer Ketone		Wallach	
16	**Wilhelm Fritzsche**	3304	R.-G. Ab.	Studien in der Thujonreihe		Wallach	
17	**Erich Böcker**	3087	G. Ab.	Über die Einwirkung von Cyankalium auf Nitrophenole		Borsche	
18	**Erich Siede**	1979	R.-G. Ab.	Zur Kenntnis des Carbofenchonon		Wallach	
19	**Eugen Seldis**	2000	R.-G. Ab.	Über Pulegen und Campholen		Wallach	
20	**Traugott Zeller**	3090	G. Ab.	Über die Tautomerie zwischen Chinonhydrazonen und p-Oxyazoverbindungen		Borsche	

21	**Hans Müller**	3088	G. Ab.	Über die Anlagerung von Oxyden des Stickstoffs an ungesättigte organische Verbindungen	Allg. Univ.-Lab.	Wallach	Göttingen
22	**Konrad Merkwitz**	3081	G. Ab.	Über eine neue Reaktion der Semicarbazone	Allg. Univ.-Lab.	Borsche	Göttingen
1	**Waldemar Conrad**	2022	G.	Beiträge zum elektrochemischen Verhalten des Bleis	Inst. f. Ph. Ch.	Prof. Dr. Nernst	Göttingen
2	**Adolf Bullerdieck**	1977	R.-G.	Giltigkeit des Massenwirkungsgesetzes für starke Elektrolyte	Inst. f. Ph. Ch.	Prof. Dr. Nernst	Göttingen
3	**Wilhelm Kettembeil**	2017	R.-G.	Studien über elektrolytische Amalgambildung	Inst. f. Ph. Ch.	Prof. Dr. Coehn	Göttingen
4	**Erich Brunner**	1981	G.	Reaktionsgeschwindigkeit in heterogenen Systemen	Inst. f. Ph. Ch.	Prof. Dr. Nernst	Göttingen
5	**Alexander Siemens**	1996	G.	Elektrolytische Abscheidung wasserzersetzender Metalle aus ihren Salzlösungen	Inst. f. Ph. Ch.	Prof. Dr. Coehn	Göttingen
1	**W. E. Barlow**	1584	Bury Sch. Cambr. Univ.	Untersuchungen über die genaue Bestimmung des Schwefels in Pflanzensubstanzen und anderen organischen Stoffen	Agricult.-chem. Lab.	B. Tollens	Göttingen
2	**Al. Müther**	1585	G.	I. Untersuchungen über Fucusarten, Laminaria und Carraghen-Moos, sowie die hydrolytisch daraus entstehenden Substanzen und Derivate derselben, besonders Fucose und Fuconsäure II. Tabellarische Übersicht über die bis jetzt hergestellten aromatischen Hydrazone, Osazone und Hydrazide der Zuckerarten und der der Zuckergruppe nahestehenden Säuren III. Über den „Bloc Maquenne“	Agricult.-chem. Lab.	B. Tollens	Göttingen

Universität Greifswald.

Laufende No.	Name des Promovierten	No. des Verbands-zeugnisses	Vor-bildung	Titel der Dissertation	Bezeichnung des Laboratoriums	Name des Dozenten, welcher die Arbeit geleitet hat	Ort der Promotion ev Fehlanzeige
1	**Robert Knauer**	2678	R.-G. Ab.	Über die Einwirkung von freiem Hydroxylamin auf ungesättigte Säuren	Ch. Inst.	Th. Posner	Greifswald
2	**Engelbert Bergs**	2502	G. Ab.	Über die Wanderungsfähigkeit von Säureresten in substituierten Amidophenolen und Amidoalkoholen	Ch. Inst.	K. Auwers	Greifswald
3	**Gustav Keil**	716	Ap.	Über cyclische Ketone aus Chloroform und Phenolen	Ch. Inst.	K. Auwers	Greifswald
4	**Karl Kipke**	717	R.-G. Ab.	Über Kondensationsprodukte von Dibrom-p-oxypseudocumylbromid und anderen Pseudophenolen mit organischen Basen	Ch. Inst.	K. Auwers	Greifswald
5	**Alfred Schrenk**	2787	k. k. höh. Staats-Gew.-Sch. abs., aber ohne Schl.-Ex.	Über Kondensationsprodukte von Dibrom-p-oxymesitylbromid und anderen Pseudophenolen mit organischen Basen	Ch. Inst.	K. Auwers	Greifswald
6	**Richard Bondy**	2680	Hand.-Ak. Ab.	Über Gesetzmäßigkeiten bei der Entstehung und Umwandlung acylirter Amidoderivate und Hydrazone von Phenolen und aromatischen Oxyaldehyden	Ch. Inst.	K. Auwers	Greifswald
7	**Siegfried Werner**	2681	Hand.-Ak. Ab.	Über schwefelhaltige Derivate ungesättigter Ketone	Ch. Inst.	Th. Posner	Greifswald
8	**Jonasch-Scholom Tscharno**	3127	Russ. Lehrer-Inst. abs.	Über das Verhalten von ungesättigten Kohlenwasserstoffen gegen Mercaptane	Ch. Inst.	Th. Posner	Greifswald
9	**Mony de Majo**	2683	Priv.-Sch.	Über Sulfone der cyclischen Ketone	Ch. Inst.	Th. Posner	Greifswald

Universität Halle a. S.

1	**Paul Richter**	2880	Ap. (I)	Zur Kenntnis des Guajakharzes	Ch. Inst.	Doebner	Halle a. S.
2	**Karl Tubandt**	2598	O.-R.-Sch.	Die Inversionsgeschwindigkeit des Menthons	Ch. Inst.	Vorländer	Halle a. S.
3	**Heinrich Witte**	2590	Ap. (I)	Über die gewichtsanalytische Stärkebestimmung in Kartoffeln, Mehl und Handelsstärke	Ch. Lab. d. landw. Inst.	Baumert	Halle a. S.
4	**Andreas Logothetis**	3319	G.	Über Azo- und Amidoazoverbindungen	Ch. Inst.	Vorländer	Halle a. S.
5	**Walter Mielecke**	2451	R.-G.	Indoxylbildung aus Acylphenylglycin-o-carbonsäuren	Ch. Inst.	Vorländer	Halle a. S.
6	**Kurt Hübner**	2588	G.	Beiträge zur Kenntnis der Schweelkohle	Ch. Inst.	Doebner	Halle a. S.
7	**Hans Otto**	2586	G.	Über die Kondensationsprodukte des Citrals und Citronellals mit Malonsäure	Ch. Inst.	Doebner	Halle a. S.
8	**W. O. Gustav Metge**	2597	G.	Einwirkung von Essigsäureanhydrid und Schwefelsäure auf Dibenzalaceton	Ch. Inst.	Vorländer	Halle a. S.
9	**Oskar Apelt**	2594	G.	Indoxyl und Phenylglycin-o-carbonsäure	Ch. Inst.	Vorländer	Halle a. S.
10	**Willy Gittel**	2595	G.	Einwirkung von Hydroxylamin auf Dimethylhydroresorcin	Ch. Inst.	Vorländer	Halle a. S.

Technische Hochschule Hannover.

1	**Hugo Klatt**	241	R.-G.	Kondensation von Glucose durch Schmelzen mit Chlorammonium	Org.-Ch. Lab.	Behrend	Hannover
2	**Paul Hesse**	*	*	Über Kondensation von Aminocrotonsäureester mit Senfölen	Org.-Ch. Lab.	Behrend	Hannover
3	**Paul Roth**	799	R.-G.	Über die Birotation der Glucose	Org.-Ch. Lab.	Behrend	Hannover
4	**Eberhard Meyer**	2658	G.	Über die Kondensation des Harnstoffs mit Glyoxal und des Glykolurils mit Formaldehyd	Org.-Ch. Lab.	Behrend	Heidelberg
1	**Johann Carstens**	—	G. D.	Zur Kenntnis der Chromsäure als Oxydationsmittel	Lab. f. A. Ch.	Seubert	Hannover (Dr.-Ing.)

Universität Heidelberg.

Laufende No.	Name des Promovierten	No. des Verbands-zeugnisses	Vorbildung	Titel der Dissertation	Bezeichnung des Laboratoriums	Name des Dozenten, welcher die Arbeit geleitet hat	Ort der Promotion ev. Fehlanzeige
1	**Paul Gutmann**	1862	Ind.-Sch.	Über den Hydrazimonocarbonester	Univ.-Lab.	Stollé	Heidelberg
2	**Georg Warnecke**	1865	R.-G. IIb	Über Nitrile von Monoalkylacetessigsäuren und über Amidopyrazole	Univ.-Lab.	Mohr	Heidelberg
3	**Wilhelm Schneider**	1310	Ldw. Sch.	Nitril und Amid der Phenyllutidindicarbonsäure	Univ.-Lab.	Mohr	Heidelberg
4	**Victor Scholz**	429	Fach-Sch. Breslau	Dynamische Untersuchungen über die Verseifung von Säureestern und die Affinitätskonstanten derselben	Univ.-Lab.	Goldschmidt	Heidelberg
5	**Karl Hassel**	1917	O.-R.-Sch.	Quantitative Trennungen durch Persulfat in saurer Lösung	Priv.-Lab.	Dittrich	Heidelberg
6	**Arthur Erler**	2156	Hand.-Sch. Einj.	Über Kondensationsreaktionen der 1-5-Diketone	Univ.-Lab.	Knövenagel	Heidelberg
7	**Franz Flächer**	1816	G. IIb	Über p-Methoxyphenyllutidin und p-Methoxyphenyllutidindicarbonsäure	Univ.-Lab.	Mohr	Heidelberg
8	**Leo Gutmann**	586	R.-Sch.	Über Abkömmlinge der (bb_l) Diazole	Univ.-Lab.	Stollé	Heidelberg
9	**Fritz Jakobsthal**	1365	Hand.-Sch.	Über Diamidosäuren aus Dichlorundecylsäure	Priv.-Lab.	Krafft	Heidelberg
10	**Heinrich Umber**	2602	R.-G. IIa	Über aliphatische Heptylamidosäuren	Priv.-Lab.	Krafft	Heidelberg
11	**Richard Wüstenfeld**	248	G. IIb	Über die Bildung von Glycylketten mittels Säureaziden	Univ.-Lab.	Curtius	Heidelberg
12	**Heino Hahn**	796	R.-G. IIa	Eine neue Methode zur Gewinnung alkylierter Benzolkohlenwasserstoffe	Univ.-Lab.	Klages	Heidelberg
13	**Simon Margolinsky**	1170	R.-G. IIb	Synthese von Betaïnen aus dialkylierten Aminoacetonitrilen	Univ.-Lab.	Klages	Heidelberg
14	**Rudolf Morisse**	791	R.-G.	Über die Addition von schwefliger Säure an ungesättigte Verbindungen	Univ.-Lab.	Knövenagel	Heidelberg
15	**Walter Weber**	2067	G.	Über Monopropylhydrazin und Dipropylhydrazin	Univ.-Lab.	Stollé	Heidelberg
16	**Otto Hermann Haack**	1117	G.	Zur Kenntnis des Methylenaminoacetonitrils	Univ.-Lab.	Klages	Heidelberg

17	**Wilhelm Sänger**	1160	G. IIb	Über Kondensationen von Formaldehyd mit 1, 3-Diketonen		Knövenagel	
18	**Albert Rönneburg**	794	R. G. IIa	Über eine Synthese von Pyrazolen aus Acetylaceton und Diazoessigester	Univ.-Lab.	Klages	
19	**Reinhold Korte**	1835	G. IIa	Über die Reduktion von p-Isopropylbenzaldazin in alkalischer Lösung		Curtius	
20	**Franz Bloch**	1362	G. IIa	Über die Einwirkung des Wassers auf anorganische Salze			
21	**Fritz Lydtin**	2610	G. IIa	Über die Reindarstellung hochmolekularer Derivate des Glycols im Vakuum des Kathodenlichtes			
22	**Erich Green**	2612	Engl.Coll.	Über Derivate des Tridecans und Pentadecans	Priv.-Lab.	Krafft	
23	**Paul Schorn**	2606	R.-Sch.	Beiträge zur Kenntnis der Brassidin- und Elaidin-Säure			
24	**Hans Stiegeler**	2604	Ind.-Sch.	Über Anlagerung von Halogenwasserstoff an ungesättigte Carbonsäuren			
25	**Leo Guttmann**	1155	Engl. Priv.-Sch.	Über Piperonaldazin		Curtius	Heidelberg
26	**Hermann Huss**	900	G. IIa	Über heterocyclische Derivate des Benzoins		Mohr	
27	**Akop Johannissian**	953	Armen. Semin.	Die Überführung der sek. sym. Brombenzoylhydrazide in Derivate des Furo-(bb') diazols und Thio(bb') diazols		Stollé	
28	**Ignaz Weinmayr**	1173	G. IIb	Die Quecksilberkatalyse des Wasserstoffsuperoxyds		Bredig	
29	**Leopold Rostosky**	2058	R.-G.	Trennung des Palladiums von andern Metallen durch Hydrazin in mineralsaurer Lösung	Univ.-Lab.	Jannasch	
30	**Wilhelm Goessling**	1704	G. IIb	Nitrile und Amide von Pyridindicarbonsäuren		Mohr	
31	**Karl Stephan**	1168	O.-R.-Sch.	Über Metalltrennungen mit Hydrazin und Wasserstoffsuperoxyd in ammoniakalischer und natronalkalischer Lösung		Jannasch	

Universität Heidelberg. Fortsetzung.

Laufende No.	Name des Promovierten	No. des Verbands-zeugnisses	Vorbildung	Titel der Dissertation	Bezeichnung des Laboratoriums	Name des Dozenten, welcher die Arbeit geleitet hat	Ort der Promotion ev. Fehlanzeige
32	**Johannes Franke**	1158	G. I b	Über die Einwirkung von Aluminiumchlorid und Äther auf Brenzcatechin, sowie über einige Derivate des m-Diäthylphenols	Univ.-Lab.	Jannasch	Heidelberg
33	**Hermann Wewer**	1134	R.-G.	Über die Reduktion des Metachlorbenzaldazins	Univ.-Lab.	Curtius	Heidelberg
34	**Franz Schneiders**	1837	O.-R.-Sch.	Über die Einwirkung von Benzylhydrazin auf Ketonsäureester	Univ.-Lab.	Curtius	Heidelberg
35	**Wilhelm Schenke**	2208	R.-G. II b	Über Nitrile von Monoaalkylacetessigsäuren und über Amidopyrazole	Univ.-Lab.	Mohr	Heidelberg
36	**Friedrich Albert**	1130	Priv.-Sch. Einj.	Über Kondensationen von Vanillin mit Acetessigester und Analogen	Univ.-Lab.	Knövenagel	Heidelberg
37	**John Weseley Brown**	1193	High. Sch.	Kinetische Studien über katalytische Beschleunigungen bei der Oxydation von Naphthalin und Anilinsulfat durch heiße Schwefelsäure	Univ.-Lab.	Bredig	Heidelberg
38	**Leonhard Walter**	440	R.-Sch.	Zur kondensierenden Wirkung organischer Basen	Univ.-Lab.	Knövenagel	Heidelberg
39	**Oskar Wittenstein**	1363	O.-R.-Sch. I b	Gewinnung und Benutzung leerer Räume ohne Luftpumpe	Priv.-Lab.	Krafft	Heidelberg
40	**Hans Curtius**	1166	G. I b	Über die Einwirkung von Hippurazid auf Asparaginsäure	Univ.-Lab.	Curtius	Heidelberg
41	**Florent Char. van der Linden**	1169	Holl. Höh. Bürg.-Sch.	Synthetische Versuche mit Benzoylalaninazid	Univ.-Lab.	Curtius	Heidelberg
42	**Johannes Greven**	3403	Ldw. Sch. II b	Über Derivate der a-Bromnonylsäure $C_9H_{17}BrO_2$	Priv.-Lab.	Krafft	Heidelberg
43	**Emil Lambotte**	669	G. I b	Über die Einwirkung von Hippurazid auf a-Alanin	Univ.-Lab.	Curtius	Heidelberg

44	**Armand Manasse**	1611	G.	Beiträge zur elektrolytischen Bildung von Übermangansäure	Techn. Hochsch. Berlin	von Knorre	
45	**Rudolf Keil**	2384	R.-Sch.	Eine neue Synthese aethylierter Benzolkohlenwasserstoffe		Klages	
46	**Walter Donselt**	2679	R.-G. IIa	Die Einwirkung von salpetriger Säure auf Tyrosin, Leucin und die Hydrazide des Tyrosins und Benzoyltyrosins		Curtius	
47	**Otto Gumlich**	3241	G. IIb	Hydrazid und Azid der Hippuryl-β-Aminobuttersäure		Curtius	
48	**Alfred Goldberg**	1185	Staats-Gew.-Sch. IIb	Hydrazid und Azid der Diphenylglycolsäure		Curtius	
49	**Emil Marx**	2663	R.-Sch.	Über das Nitril der Methylacetessigsäure und das 1-Phenyl-3, 4-dimethyl-5-aminopyrazol	Univ.-Lab.	Mohr	
50	**James Henri Walton**	1192	High Sch.	Die Jodionen-Katalyse des Wasserstoffsuperoxyds		Bredig	
51	**Richard Pohl**	2277	G. IIb	Beiträge zur Kenntnis der Diazoamidoverbindungen		Knövenagel	Heidelberg
52	**Karl Kof**	2153	R.-Sch.	Über die Reduktion der Ketonhydrazine und Ketazine des Tetramethyldiaminobenzophenons und Fluorenons		Curtius	
53	**Walter Kind**	3232	G. IIa	Über die Überführung von Hydrazin-Abkömmlingen in Bisfuro-β-β₁-diazole und Osotetrazine		Stollé	
54	**Hugo Schliessmann**	2551	G. IIb	Beiträge zur Kenntnis der Stearolsäurereihe	Priv.-Lab.	Krafft	
55	**August Eppelsheim**	1163	R.-Sch.	Über die Reduktion ungesättigter Phenoläther mittels Natrium und Alkohol	Univ.-Lab.	Klages	
56	**PercivalEchtermeier**	857	R.-Sch.	Zur Kenntnis ungesättigter Phenoläther		Klages	
57	**Eberhard Meyer**	2658	G.	Über die Kondensation des Harnstoffs mit Glyoxal und des Glykolurils mit Formaldehyd	Techn. Hochsch. Hannover	Behrend	

Universität Jena.

Laufende No.	Name des Promovierten	No. des Verbands-zeugnisses	Vorbildung	Titel der Dissertation	Bezeichnung des Laboratoriums	Name des Dozenten, welcher die Arbeit geleitet hat	Ort der Promotion ev. Fehlanzeige
1	**Rudolf Freydag**	378	G. Ab.	Beiträge zur Kenntnis der Lävulinsäure	Univ.-Lab.	Duden	Jena
2	**Otto Schwabe**	2209	R.-G. Ab.	Über das Bornylendiamin	Univ.-Lab.	Duden	Jena
3	**Hans Lindenhayn**	2204	R.-G. Ab.	Beiträge zur Kenntnis der Diazoverbindungen	Univ.-Lab.	Wolff	Jena
4	**Archibald Hall**	2214	Koll.	Beiträge zur Kenntnis der Diazoanhydride	Univ.-Lab.	Wolff	Jena
5	**John Hawthorne**	2216	Koll.	Beiträge zur Kenntnis des Morphins	Univ.-Lab.	Knorr	Jena
6	**Eugen Steuer**	2344	G. Ab.	Zur Kenntnis der tertiären Pyrazole	Univ.-Lab.	Knorr	Jena
7	**Paul Krüger**	2210	R.-G. Ab.	Über Sulfosäuren der Pyrazolreihe	Univ.-Lab.	Knorr	Jena
8	**Heinrich Hörlein**	2708	O.-R.-Sch. Ab.	Beiträge zur Kenntnis der Tautomerieerscheinungen bei Verbindungen vom Typus des Acetessigesters	Univ.-Lab.	Knorr	Jena
9	**Hans Kopitzsch**	2212	R.-G. Ab.	Das Thiodiazol und einige seiner Abkömmlinge	Univ.-Lab.	Wolff	Jena

Technische Hochschule Karlsruhe.

Laufende No.	Name des Promovierten	No. des Verbands-zeugnisses	Vorbildung	Titel der Dissertation	Bezeichnung des Laboratoriums	Name des Dozenten, welcher die Arbeit geleitet hat	Ort der Promotion ev. Fehlanzeige
1	**Ludwig Gedel** aus Dessau	3685	R.-G. Ab.	Studien über Schwefeleisen mit besonderer Berücksichtigung der Schwefelwasserstoffreinigung des Leuchtgases	Ch.-Techn. Lab.	Bunte	Karlsruhe
2	**Franz Richard** aus Küllstedt	3682	G. Ab.	Über Verbrennungserscheinungen bei Gasen	Ch.-Techn. Lab.	Bunte	Karlsruhe
3	**Karl Schick** aus Wallertheim	3683	O.-R.-Sch. Ab.	Elektrolyse durch Wechselströme	Ph.-Ch. Lab.	Le Blanc	Karlsruhe

Universität Kiel.

1	Herm. Wanderscheck	2172	O.-R.-Sch. Ab.	Zur Kenntnis des μ-Benzylisochinolins und des μ-β-Dibenzylisochinolins	Univ.-Lab.	Rügheimer	Kiel
2	Siegfried Toeche-Mittler	2180	G. Ab.	Zur Molekulargewichtsbestimmung nach dem Siedeverfahren		Rügheimer	
3	Fritz Heymann	2181	G. Ab.	Die Spaltungsprodukte des symmetrischen Dinitrobenzoylacetessigesters		Berend	
4	Karl Stepf	2187	G. Ab.	Die Einwirkung von Chlor auf Salicylaldehyd		Biltz	
5	Fritz Sieden	2177	G. Ab.	Hydrazone, Osazone und Hydrazonhydrate		Biltz	
6	Robert Dubuse	2173	G. Ab.	Die β-Ketonsäureester in ihrem Verhalten gegen Chloraceton und Ammoniak		Feist	
7	Erich Stenger	2179	G. Ab.	I. Über eine neue Synthese unsymmetrisch substituierter Pyrrole II. Über Acetonoxaminsäure		Feist	
8	Paul Lieske	2831	R.-G. bis IIa Ap.	Beiträge zur Kenntnis des Phenylpropargylaldehyds		Claisen	
9	Arthur Hoehne	2184	G. bis IIa Ap.	Kondensation zwischen Aldehyden und Ketonoxalestern		Claisen	
10	Karl Streitwolf	2195	G. bis IIa Ap.	Beiträge zur Kenntnis des Propargylaldehyds		Claisen	

Universität Königsberg i. Pr.

1	Walter Roeder	2030	G. Ab.	Diglykolhydroxamsäure und Diglykolbenzhydroxamsäure	Ch. Univ.-Lab.	Lossen	Königsberg
2	Ernst Meckbach	444	G. Ab.	Über Citradibrombrenzweinsäure und Brommesaconsäure			
3	Ernst Bogdahn	3354	Ap.	Bromcitramalsäure			
4	Leo Sambraus	450	R.-G. Ab.	Chlor auf salzs. Dimethylanilin in wässeriger Lösung			
5	Max Leopold	2048	Ap.	Brom auf maleïnsaure Salze			
6	Erich Röckner	2038	R.-G. Ab.	Citraweinsäure			

Universität Königsberg i. Pr. Fortsetzung.

Laufende No.	Name des Promovierten	No. des Verbands-zeugnisses	Vorbildung	Titel der Dissertation	Bezeichnung des Laboratoriums	Name des Dozenten, welcher die Arbeit geleitet hat	Ort der Promotion ev. Fehlanzeige
7	**Joh. Wellmer**	2851	G. Ab.	Chlor auf Salicylsäure	Ch. Univ.-Lab.	Lossen	
8	**Willy Glogau**	2042	R.-G. Ab.	Chlorierung der Phenylessigsäure			
9	**Walter Kratzer**	497	G. Ab.	Benzolsulfon-p-amidobuttersäure	Pharm.-Ch. Univ.-Lab.	Klinger	
10	**Idél Peim**	1582	*	Brom auf aromatische Thioharnstoffe	Agrik.-Ch. Lab. Göttingen u. Pharm.-Chem. Univ.-Lab.	Hugershoff und Klinger	
11	**Lasar Holodetz**	2882	R.-Sch.	Kondensation von Benzilsäure	Pharm.-Ch. Univ.-Lab.	Klinger	
12	**Viktor Zelasko**	2858	R.-G. Ab.	Chlor auf Anissäure			
13	**Erich Freiherr von Unger-Sternberg**	2852	G.	β-Aldehydpropionsäure aus Aconsäure			
14	**Jonas Salzer**	2853	Vorbereit.-Sch. Frankf.	Chlor auf Anilin und Pyridin	Ch. Univ.-Lab.	Lossen	
15	**Karl Dorno**	2047	G. Ab.	Brommethacrylsäure und Isobrommethacrylsäure und die Kohlenwasserstoffe C_3H_4			Königsberg
16	**Robert Bergholz**	2682	G. IIa	Chlorisierung von Salicylaldehyd			
1	**David Warmbrunn** aus Dresden	3153	Ap.	Beiträge zur Kenntnis der Chor- und Brom-Oxybehensäuren und ihrer Umsetzungsprodukte			
2	**Max Schultz** aus Weilburg i. L.	2033	R.-G. Ab.	Studien über den Einfluß von Nitriten auf die Keimung von Samen und auf das Wachstum von Pflanzen	Agrik.-Ch. Lab.	Stutzer	
3	**Max Haase** aus Posen	2616	IIa	Beiträge zur Kenntnis der Behenolsäure			
4	**Kurt Ehrlich**	3151	Ap.	Halogen-Oxystearinsäuren und Umsetzungsprodukte derselben			
5	**Paul Gilgenberger**	3152	Ap.	Beiträge zur Kenntnis der Leinölsäure und einiger Derivate derselben			

Universität Leipzig.

1	Theodor Menzen	1547	R.-G.	Die Naphtoylbenzoylmethane und ihre Isomeren	Ch. Lab.	J. Wislicenus und Stobbe	Leipzig
2	Rudolf Nettel	3301	G.	Über einige Kondensationsprodukte des Bernsteinesters und Diphenylitakonsäureesters mit Salicylaldehydäthyläther und Anisaldehyd		Stobbe	
3	Francis W. Hay	1535	O.-R.-Sch.	Über die Elektrolyse und die trockene Destillation einiger Salze der Pimelinsäure		J. Wislicenus und Stobbe	
4	Robert Rose	1561	Koll. (Harrow on the Hills)	Beiträge zur Kenntnis der beiden stereoisomeren γ-Methyl-γ-Phenyl-Itakonsäuren		Stobbe	
5	Erich Kronholz	1567	G.	Über einen festen cyclischen β-Ketonsäureester der Pentamethylenreihe		Stobbe	
6	Hermann Fleck	1566	G.	Über die Kondensationsprodukte des Benzalacetophenons mit freiem Hydroxylamin		J. Wislicenus und Stobbe	
7	Karl Coutelle	1569	G.	Die zur Bildung von Natriumdicarboxylglutaconsäureester führende Reaktion zwischen Malonsäureester, Natriumalkoholat und Chloroform		Guthzeit	
8	Hans Volland	1565	Ap. (I)	Neue Synthesen von δ-Ketonsäuren, Hydroresorcinen und semicyclischen 1-5-Diketonen		Stobbe	
9	Fritz Scharf	1572	G.	Über einige Derivate des Adonits nebst einem Beitrag zur Bildung cyclischer Anhydride aus mehrwertigen Alkoholen		J. Wislicenus und Rassow	
1	G. Senter	2937	Parish-Sch.	Das H_2O_2 zersetzende Enzym des Blutes	Ph.-Ch. Inst.	Ostwald u. Luther	
2	O. Hahn	871	R.-Sch.	Beiträge zur Thermodynamik des Wassergases. Das Gleichgewicht: $CO + H_2O = CO_2 + H_2$		Ostwald und Bodenstein	
3	F. Reichenbach	—	G. IIb	Über die Bildung des Bromwasserstoffgases aus den Elementen		Bodenstein	

Universität Leipzig. Fortsetzung.

Laufende No.	Name des Promovierten	No. des Verbands-zeugnisses	Vorbildung	Titel der Dissertation	Bezeichnung des Laboratoriums	Name des Dozenten, welcher die Arbeit geleitet hat	Ort der Promotion ev. Fehlanzeige
4	**A. Slator**	2938	Grammar-Sch.	Die chemische Dynamik der Reaktionen zwischen Chlor und Benzol unter dem Einflusse verschiedener Katalysatoren und des Lichtes	Ph.-Ch. Inst.	Luther	Leipzig
5	**C. J. Thatcher**	801	M. S.	Die elektrolytische Oxydation von Natriumthiosulfat und ihr Mechanismus	Ph.-Ch. Inst.	Luther	Leipzig
6	**M. Trautz**	1396	G. Ab.	Zur physikalischen Chemie des Bleikammerprozesses	Ph.-Ch. Inst.	Ostwald u. Luther	Leipzig
7	**A. Titoff**	2002	G. Ab.	Beiträge zur Kenntnis der negativen Katalyse im homogenen System	Ph.-Ch. Inst.	Ostwald u. Luther	Leipzig
8	**Ch. Füchtbauer**	2	G. Ab.	Die freiwillige Erstarrung unterkühlter Flüssigkeiten	Ph.-Ch. Inst.	Ostwald	Leipzig
1	**Kurt Fischer**	2876	G. bis 11 Mon. in IIa	Dextrinartige Bestandteile rechtsdrehender Honige	Lab. f. angew. Ch.	E. Beckmann	Leipzig
2	**Christian Sickermann**	531	R.-G. b. IIa	Über Salzbildung und Veresterung der m-Nitrobenzaldoxime sowie der p-Chlorbenzophenonoxime und p-Tolylphenylketoxime	Lab. f. angew. Ch.	E. Beckmann	Leipzig
3	**Wilhelm Wortmann**	3835	G. Ab.	Zur Kenntnis der N-Arylhydroxylamine	Lab. f. angew. Ch.	E. Beckmann	Leipzig
4	**Walter Muth**	1209	G. Ab.	Zur Kenntnis des Pulegons	Lab. f. angew. Ch.	E. Beckmann	Leipzig
5	**Georg Ihssen**	2886	R.-G. Ab.	Beiträge zur Kenntnis isomerer Menthylamine und Menthole	Lab. f. angew. Ch.	E. Beckmann	Leipzig
6	**Heinrich Schneider**	398	R.-G. Ab.	Über Alkylisocyanate und ihr Verhalten zu Aldoximen	Lab. f. angew. Ch.	E. Beckmann	Leipzig
7	**Paul Bohrisch**	2168	R.-G. Ab.	Beiträge zur Kenntnis dextrinartiger Bestandteile des Honigs	Lab. f. angew. Ch.	E. Beckmann	Leipzig
8	**Drusu Eremie-Popa**	2164	G. Ab.	Über die Molekulargröße des Jods und anderer flüchtiger Stoffe	Lab. f. angew. Ch.	E. Beckmann	Leipzig
9	**Günther Lüken**	2166	R.-G. IIb	Beiträge zur Bestimmung des Fuselöls in alkoholischen Flüssigkeiten	Lab. f. angew. Ch.	E. Beckmann	Leipzig

1	**Friedrich Wilhelm Scheermesser**	1735	Ap.	Zur Kenntnis der peptischen Verdauung des Leims	Ch. Lab. d. physiol. Inst.	M. Siegfried	Leipzig
2	**Wilhelm Robert Mack**	847	G. bis II	Über das Vorkommen von Pepton in Pflanzensamen	Ch. Lab. d. physiol. Inst.	M. Siegfried	Leipzig

Universität Marburg.

1	**W. Möller**	1085	O.-R.-Sch. Ab.	Über die Einwirkung von Pyridin auf Dinitrochlorbenzol und Dinitrobromtoluol	Ch. Inst.	Zincke	Marburg
2	**K. Siebert**	1087	G. Ab.	Einwirkung von Phenol und p-Kresol auf o-Nitrobenzaldehyd bei Gegenwart von Salzsäure	Ch. Inst.	Zincke	Marburg
3	**Th. Jilke**	1059	G. Ab.	Über Ketohalogenverbindungen des Phenols und der Kresole	Ch. Inst.	Zincke	Marburg
4	**W. Gäbel**	1867	G. Ab.	Über Bromderivate des p-Oxystilbens	Ch. Inst.	Zincke	Marburg
5	**H. Lücke**	1077	G. Ab.	Über das Nitril der α-Phenyl-p-oxyzimmtsäure	Ch. Inst.	Zincke	Marburg
6	**W. Gäbel**	1098	R.-G. Ab.	Über Kondensationsprodukte aus m- und p-Kresol mit Aceton	Ch. Inst.	Zincke	Marburg
7	**H. Wagner**	1083	G. Ab.	Untersuchungen über Tetrachlor-p-Dioxytolan	Ch. Inst.	Zincke	Marburg
8	**W. Unverzagt**	1061	G. Ab.	Über die Einwirkung von Brom auf Di-p-oxytolyldiphenylmethan	Ch. Inst.	Zincke	Marburg
9	**Fr. Zimmermann**	1086	O.-R.-Sch. Ab.	Über die Spaltung des Kohlenoxyds	Ch. Inst.	Schenck	Marburg
10	**J. Litzendorff**	3277	G. Ab.	Über die Spaltung des Dijodacetylens	Ch. Inst.	Schenck	Marburg
11	**E. Eichwald**	28	G. Ab.	Neuere Untersuchungen über die flüssigen Kristalle	Ch. Inst.	Schenck	Marburg
1	**Georg Korndörfer**	1812	G.	Über einige Acylderivate des Guanidins	Pharm.-Ch. Inst.	E. Schmidt	Marburg
2	**Daniel Bruns**	1813	G.	Über Corybulbin und Isocorybulbin	Pharm.-Ch. Inst.	J. Gadamer	Marburg
3	**Gustaf Fr. Bergh**	—	*	Beiträge zur Kenntnis der Lupinenalkaloide	Pharm.-Ch. Inst.	E. Schmidt	Marburg
4	**Karl Thimme**	288	G.	Einwirkung von Chlorwasserstoff auf wässerige Formaldehydlösung und Trioxymethylen	Pharm.-Ch. Inst.	E. Schmidt u. F. M. Litterscheid	Marburg
5	**Oskar Keller**	1828	G. Ab.	Über das Damascenin	Pharm.-Ch. Inst.	E. Schmidt	Marburg
6	**Dirk Hendrik Brauns**	—	*	Über Quercitrin, Sophorin und Cappern-Rutin	Pharm.-Ch. Inst.	E. Schmidt	Marburg

Universität München.

Laufende No.	Name des Promovierten	No. des Verbandszeugnisses	Vorbildung	Titel der Dissertation	Bezeichnung des Laboratoriums	Name des Dozenten, welcher die Arbeit geleitet hat	Ort der Promotion ev. Fehlanzeige
1	**Karl Finckh**	1233	G.	Über das Murexid	Lab. d. Staates	Piloty	München
2	**Anselm Kahn**	1680	R.-G.	Abkömmlinge des Dinitrophenyläthylens	Lab. d. Staates und Univ.-Lab. Straßburg	Thiele	München
3	**Jesaiah Cobliner**	1694	G.	Zur Kenntnis des Pyrogallols	Lab. d. Staates	Einhorn	München
4	**Otto Heine**	1718	G.	Eisencyanverbindungen	Lab. d. Staates	Hofmann	München
5	**Wilhelm Vogel**	1698	G.	Die Konstitution der Porphyrexide	Lab. d. Staates	Piloty	München
6	**Karl Winter**	1707	R.-G.	Beiträge zur Kenntnis primärer Nitrokörper	Lab. d. Staates und Univ.-Lab. Straßburg	Thiele	München
7	**Fritz Zerban**	1706	G.	Über das radioaktive Thor	Lab. des Staates	Hofmann	München
8	**Hermann Steinmetz**	1699	G.	Über Thallioxalate	Lab. d. Staates und Mineral. Inst. der Univ. München	Groth	München
9	**August Prettner**	1702	G.	Über trialkylierte Trimethylentriamine	Lab. d. Staates	Einhorn	München
10	**Fritz Singer**	3042	R.-G.	Über Quecksilber-organische Verbindungen	Lab. d. Staates	Sand	München
11	**Richard Hallensleben**	2802	Ap. (I)	Studien in der Triphenylmethangruppe	Lab. d. Staates	Baeyer	München
12	**Alfred Kliegl**	1703	G.	Über Phenylfluoren	Lab. d. Staates	Baeyer	München

Technische Hochschule München.

Laufende No.	Name des Promovierten	No. des Verbandszeugnisses	Vorbildung	Titel der Dissertation	Bezeichnung des Laboratoriums	Name des Dozenten, welcher die Arbeit geleitet hat	Ort der Promotion ev. Fehlanzeige
1	**Hermann Kraft**	1870	O.-R.-Sch.	Über die Oxydation methylierter aromatischer Kohlenwasserstoffe mit Cerdioxyd	El.-Ch. Lab.	Hofer	Technische Hochschule München
2	**Hans Zorn**	1880	Ind.-Sch.	Über Alkoholbildung bei der Elektrolyse fettsaurer Salze	El.-Ch. Lab.	Hofer	Technische Hochschule München
3	**Christian Mayr**	—	Ind.-Sch. D.	Über die Elektrosynthese aliphatischer und aromatischer Ketoverbindungen	El.-Ch. Lab.	Hofer	Technische Hochschule München
4	**Ludwig Günther**	—	R.-G. D.	Das farbenempfindliche Chlorsilber und Bromsilber	A.-Ch. Lab.	E. Baur	Technische Hochschule München

5	**Ernst Mühlbach**	—	Ind.-Sch. D.	Über die Elektrolyse von Cerosalzen	El.-Ch. Lab.	Hofer	Technische Hochschule München
6	**Ernst Leher**	1878	G.	Die quantitative Bestimmung von Arsen und Antimon als Sulfidverbindungen	A.-Ch. Lab.	Muthmann	Technische Hochschule München
7	**Oswald Aichel**	—	Ind.-Sch. D.	Über die Reduktion von Metalloxyden mit Hilfe von Ceritmetallen	El.-Ch. Lab.	Muthmann	Technische Hochschule München
1	**Max Ammann** aus München	—	D.	Zur Frage der Konstitution des bimolekularen Propylidenanilins	Org. Lab.	Eibner	München
2	**Karl Hofmann** aus Fürth	—	D.	Beiträge zur Frage der Konstitution des Chinophtalons und Isochinophtalons	Org. Lab.	Eibner	München
3	**Eberhardt Bosch** aus Nürnberg	1855	Ind.-Sch.	Zur Kenntnis des Aethylbenzylanilins	Org. Lab.	G. Schultz	München
4	**Isidor Richard** aus Ellingen	—	D.	Über die Einwirkung von Formaldehyd auf α-Picolin	Gasanalyt. Lab.	A. Lipp	München
5	**Josef Schnell** aus München	2306	Ind.-Sch.	Zur Kenntnis der Bitterstoffe des Hopfens	Gähr.-Ch. Lab.	A. Lintner	München
6	**Karl Würth** aus München	—	D.	Untersuchung eines Ölgasteers	Org. Lab.	G. Schultz	München

Universität Rostock.

1[1])	**Edgar Menzel**	2649	Ap. (I)	Über die Einwirkung von Phosphortrichlorid, Phosphoroxychlorid und Phosphorsulfochlorid auf primäre aliphatische Amine	Ch. Univ.-Lab.	Prof. Michaelis	Rostock
2	**Albert Besson**	1752	Kant.-Sch. Ab.	Über das Thiomethylpyrazol und dessen Homologen	Ch. Univ.-Lab.	Prof. Michaelis	Rostock
3	**Friedrich Göhl**	2419	Ap. (II)	Über eine neue Synthese des Hydrocumarons, einiger Homologen und des α-Methylpyrolidins	Ch. Univ.-Lab.	Prof. Stoermer	Rostock
4	**Ludwig Goppelt**	—	Ap. (II)	Einwirkung von Dipropylamin und Piperidin auf Dichloracetal	Ch. Univ.-Lab.	Prof. Stoermer	Rostock

[1]) Diejenigen Herren, welche vor Erlaß der neuen Promotionsbestimmungen vom 15. Juni 1902 in Rostock immatrikuliert waren, werden noch nach der alten Promotionsordnung vom Jahre 1899 zugelassen.

Universität Rostock. Fortsetzung.

Laufende No.	Name des Promovierten	No. des Verbands-zeugnisses	Vorbildung	Titel der Dissertation	Bezeichnung des Laboratoriums	Name des Dozenten, welcher die Arbeit geleitet hat	Ort der Promotion ev. Fehlanzeige
5	**Paul Kemnitz**	—	Ap. (I)	Über Sulfonsäuren des 1-Phenyl-3-methyl-5-chlorpyrazols, des 1-Phenyl-3, 4-dimethyl-5-chlorpyrazols und einige Derivate derselben		Prof. Michaelis	
6	**Leopold Bachner**	1303	Ap. (II)	Über die Kondensation des Phenoxylacetaldehyds mit Bezaldehyd, Furfurol und Acetaldehyd		Prof. Stoermer	
7	**Paul Donath**	1029	Ap. (II)	Über μ-α-N-Jmidazole und einige Derivate		Dr. Kunckell	
8	**Max Kober**	1171	Ap. (II)	Über Homologe des Thiopyrins		Prof. Michaelis	
9	**Christoph Hohmann**	2070	Ap. (II)	Zur Kenntnis des p-Oxy-m-nitrobenzylchlorids	Ch. Univ.-Lab.	Prof. Stoermer	
10	**Otto Rademacher**	2630	G. I	Über das Bis-Thiopyrin sowie das Thio-Antipyrin			
11	**Hugo Walther**	2648	Ap. (II)	Über das Methylendithiopyrin und einige Derivate des Methylendiantipyrins		Prof. Michaelis	Rostock
12	**Rudolf Goerlich**	1821	Ap. (I)	Über das 1-Phenetyl-3-methyl-5-chlorpyrazol und einige Derivate desselben			
13	**Karl Theodor Tenner**	2629	Ap. (II)	Über phosphorhaltige Derivate des 1-Phenyl-3-methyl-5-chlorpyrazols			
14	**Adolf Ehrle**	*	G. II	Über die Einwirkung des Natriumaethylats auf Bromide des Isosafrols und gebromte Isosafrole	Org. Lab. d. techn. Hochsch. Stuttgart	Prof. Hell	
15	**Eduard Brust**	2640	Ap. (I)	Über die Einwirkung von Ammoniak, primären und sekundären aliphatischen Aminen auf das Chlormethylat des 1-Phenyl-3-methyl-5-chlorpyrazols und einige Homologe desselben	Ch. Univ.-Lab.	Prof. Michaelis	
16	**Karl Mayer**	2068	Ap.	Über die Einwirkung von anorganischen Säurechloriden auf 3- und 5-Pyrazolone, sowie auf Isoxazolon (Preisarbeit)			

17	**Ernst Duntze**	2068	Ap. (II)	Über Selenopyrine und deren Pseudoderivate	Ch. Univ.-Lab.	Prof. Michaelis	Rostok
18	**Ludwig Zumbusch**	2632	G. II	Über die 2-Phenylpyrimidin-6-carbonsäure und einige Derivate derselben	Ch. Univ.-Lab.	Dr. Kunckell	Rostok
19	**Max Schaeffer**	1391	G. (7 Kl.)	Über einige 1-Acetylcumarone und die Aufspaltung des Acetylcumarons	Ch. Univ.-Lab.	Prof. Stoermer	Rostok
20	**Otto Weber**	2828	Ap. (I)	Über die Einwirkung anorganischer Verbindungen auf das Drehungsvermögen von Dextrose und Laevulose	Ch. Univ.-Lab. Bonn	Prof. Rimbach	Rostok
21	**Friedrich Bender**	1833	G. II b	Über ein Phenylketon des 1-Phenyl-3-methyl-5-chlorpyrazols, ein Bipyrazol sowie dessen Derivate	Ch. Univ.-Lab.	Prof. Michaelis	Rostok
22	**Lothar Kaute**	1335	Ap. (II)	Über das 1-p-Tolyl-2, 3-dimethyl, 2-5-Thiopyrazol oder Tolyl-Thiopyrin	Ch. Univ.-Lab.	Prof. Michaelis	Rostok
23	**Samuel Sabbath**	*	G. Ab.	Zur Konstitution der Silber-Ammoniakverbindungen	Ch. Lab. d. Bergak. Berlin	Prof. Fischer	Rostok
24	**Arnold Bernstein**	622	R.-G. Ab.	Einwirkung von Chloriden des Phosphors auf einige substituierte Phenole	Ch. Univ.-Lab.	Prof. Michaelis	Rostok

Universität Straßburg.

1	**Otto Matter**	—	Ap.	Zur Kenntnis der Azlactone und ihrer Umwandlungsprodukte	Priv.-Lab. v. Erlenmeyer	Erlenmeyer	Straßburg
2	**Fritz Bade**	—	O.-R.-Sch. Ab.	Über die Kondensation von Methylsalicylaldehyd mit Glycocoll	Priv.-Lab. v. Erlenmeyer	Erlenmeyer	Straßburg
3	**Adolf Jägerschmid**	—	Ap.	Beiträge zur Kenntnis der Monochlorbromessigsäure	Univ.-Lab.	Fittig	Straßburg
4	**Walter Peters**	—	G.	Über stereoisomere Körper aus dem Aethylacetylaceton durch Blausäureanlagerung	Univ.-Lab.	Fittig	Straßburg
5	**Oskar Giese**	1674	Ap.	Über Kondensationsprodukte des $\Delta^{1.4}$ Dihydroteraphtalsäuredimethylesters	Univ.-Lab. Straßburg u. München	Thiele	Straßburg
6	**Alfred Ohl**	—	G.	Über die Kondensation der Hydromuconsäure mit Benzaldehyd unter Mitwirkung von Essigsäureanhydrid	Univ.-Lab.	Köhl	Straßburg
7	**Wilhelm Wedemann**	2054	R.-G.	Über Dibromdicyanhydrochinon, Phenylangelikalacton und Isoctenlacton	Univ.-Lab. Straßburg u. München	Thiele	Straßburg
8	**Alfred Arnold**	—	Ap.	Stereochemische Studien	Priv.-Lab. v. Erlenmeyer	Erlenmeyer	Straßburg

Technische Hochschule Stuttgart.

Laufende No.	Name des Promovierten	No. des Verbands-zeugnisses	Vorbildung	Titel der Dissertation	Bezeichnung des Laboratoriums	Name des Dozenten, welcher die Arbeit geleitet hat	Ort der Promotion ev. Fehlanzeige
1	**Erwin de Pay**	—	D.	Über Nitroresorcin	Lab. f. allg. Ch.	Dr. Kaufmann	Stuttgart
2	**Karl Pulvermüller**	—	D.	Nitroderivate des p-Diphenols			
1	**Dr. Ing. Ad. Kaempf**	—	G. D.	Über Nitroderivate des Phenanthrenchinons und über deren Abkömmlinge			
2	**Dr. Ing. Fritz Leipprand**	—	R.-G. D.	ÜberTrimethylaethylen-undTetramethylaethylennitrosobromid	Chem.-Techn. Lab.	Dr. Julius Schmidt	Stuttgart
3	**Erhard Junghans**	—	O.-R.-Sch. D.	Über Bromderivate des Phenanthrenchinons			

Universität Tübingen.

Laufende No.	Name des Promovierten	No. des Verbands-zeugnisses	Vorbildung	Titel der Dissertation	Bezeichnung des Laboratoriums	Name des Dozenten, welcher die Arbeit geleitet hat	Ort der Promotion ev. Fehlanzeige
1	**Gustav Riess**	2340	Ap. (I)	Über das 3-5-Dimethoxybenzoylacetophenon und über Abkömmlinge des 1-4-Benzopyranols		Bülow	
2	**Ernst Eberhardt**	2339	G. abs.	Über das Kondensationsprodukt von Diazobenzolimid mit Malonsäureester und mit Oxalessigester		Dimroth	
3	**Eugen Letsche**	2345	G. abs.	Kondensation von Diazobenzolimid mit Säureestern	Univ.-Lab.		
4	**Gotthold Issler**	2342	Ap. (I)	Über eine Synthese von 7-Oxychinolinen			Tübingen
5	**Ernst Nottbohm**	2349	R.-G. abs.	Über Kondensationsprodukte aus Oxalsäureester mit p-Amidoacetophenon und Abkömmlinge derselben		Bülow	
6	**Karl Müller**	2352	R.-G. abs.	Über die Aciditätsdifferenz mehrbasischer Carbonsäuren			
7	**Emil Böklen**	—	G. abs. Ap.	Über Formylbernsteinsäureester	Univ.-Lab. Würzburg	W. Wislicenus	
8	**Ivo Deiglmayr**	2350	G. abs.	Über Kondensationsprodukte aus mehrwertigen Phenolen mit substituierten 1-3-Diketonen	Univ.-Lab.	Bülow	

9	**Georg Werner**	2351	Ap. (I)	Kondensationen von Diazobenzolimid mit Cyaniden und Cyanessigester	Univ.-Lab.	Dimroth	Tübingen
10	**Berthold Koch**	2508	R.-G. Ab.	Über die Einwirkung von Phtalylchlorid auf Benzoylaceton und über die Kondensation von Phtalylbenzoylaceton mit Resorcin	Univ.-Lab.	Bülow	Tübingen
11	**August Ganghofer**	2353	Ap. (I)	Über Mesoxalsäurephenylhydrazon und Derivate desselben, hergestellt aus Diazobenzolchlorid und Malonsäuremethylester	Univ.-Lab.	Bülow	Tübingen
12	**Karl Konstantin Sautermeister**	2343	Ap. (I)	Kondensationsprodukte mehrwertiger Phenole mit 2-4-Dioxybenzoylaceton zu 1-4-Benzopyranolen und Synthese des Resaceteïns	Univ.-Lab.	Bülow	Tübingen
13	**Wilhelm Ney**	1289	Ind.-Sch.	Über den Zusammenhang zwischen Farbe und Konstitution bei tautomeren Substanzen, untersucht an den Fluorenoxalsäureestern	Univ.-Lab. Würzburg u. Tübingen	W. Wislicenus	Tübingen
14	**Hans Gaar**	1868	Ind.-Sch.	Über die Einwirkung von Cyankalium auf Phtalid bei höhern Temperaturen	Univ.-Lab. Würzburg u. Tübingen	W. Wislicenus	Tübingen

Universität Würzburg.

1	**Walter Praetorius**	1271	Ap. (I)	Nachweis intramolekularer Veränderungen durch Änderung der Körperfarbe bei Nitrophenolen und Aldehydphenolen	Ch. Inst.	Hantzsch	Würzburg
2	**Karl Eckstein**	1259	K. K. O.-R.-Sch. abs.	Die elektrolytische Reduktion von Kamphersäureimid	Ch. Inst.	Tafel	Würzburg
3	**Erwin Pinoff**	1773	G. Ia	Diagnose von Pseudosäuren im festen Zustand durch die Ammoniakreaktion	Ch. Inst.	Hantzsch	Würzburg
4	**Georg Schick**	1276	K. K. G. abs.	I. Über Isomerieerscheinungen bei Hypophosphiten II. Zur Kenntnis der Phosphite	Ch. Inst.	Hantzsch	Würzburg
5	**Richard Vock**	898	Ap.	Zur Kenntnis der Diazoverbindungen	Ch. Inst.	Hantzsch	Würzburg

Universität Würzburg. Fortsetzung.

Laufende No.	Name des Promovierten	No. des Verbands-zeugnisses	Vorbildung	Titel der Dissertation	Bezeichnung des Laboratoriums	Name des Dozenten, welcher die Arbeit geleitet hat	Ort der Promotion ev. Fehlanzeige
6	**Wilhelm Graf**	1269	G. abs.	Über Oxonium und Ammoniumsalze	Ch. Inst.	Hantzsch	Würzburg
7	**Alexander Loyd**	1288	M. S.	Nitraniline und Nitrosoaniline als Pseudobasen	Ch. Inst.	Hantzsch	Würzburg
1	**Ludwig Eger**	—	R.-G.	Über deutsches Erdöl und dessen Destillate im Vergleich mit Erdölsorten anderen Ursprungs	Priv.-Lab.	*	Würzburg
2	**Eduard Pfaff**	746	Ap.	Zur quantitativen und qualitativen Bestimmung des Formaldehyds	Techn. Inst.	Medicus	Würzburg
3	**Henry Weber**	2169	High Sch. Technical-Sch. Newark N.J.	Über einige Phenanthrenderivate	Techn. Inst.	Medicus	Würzburg
4	**Hans Bar**	2096	Ap.	Über Methoden zur direkten Bestimmung der Phosphorsäure in Wein und Bier	Techn. Inst.	Medicus	Würzburg
5	**Johannes Prescher**	747	Ap.	Borsäure in Nahrungsmitteln	Techn. Inst.	Medicus	Würzburg
6	**Asanosuki Muto**	3454	G. entsprech.	Chemische Untersuchung des japanischen Rüböls und des chinesischen Sojabohnenöls	Techn. Inst.	Medicus	Würzburg
7	**Adalbert Segin**	2077	Ap.	Über den Nachweis von Kokosfett in Butter	Techn. Inst.	Medicus	Würzburg

Nach den vorstehenden Listen sind im Sommer-Semester 1903 und Winter-Semester 1903/04 436 Kandidaten zu Doktoren promoviert worden. Von diesen hatten:

34 die Verbandsprüfung nicht abgelegt, bei
7 Kandidaten ist dies nicht sichergestellt oder die Nummer des Zeugnisses ließ sich nicht ermitteln,
395 Kandidaten haben das Verbandszeugnis erworben.

Leipzig
Druck von Oskar Leiner.
4506

FSC
www.fsc.org
MIX
Papier | Fördert
gute Waldnutzung
FSC® C083411

Kolibri 360 GmbH
Ferdinand-Jühlke-Straße 7
99095 Erfurt, Deutschland
produktsicherheit@kolibri360.de